GUSTAVE DUGAT

HISTOIRE

DES

ORIENTALISTES

DE L'EUROPE
DU XIIE AU XIXE SIÈCLE

TOME II

Elibron Classics
www.elibron.com

Elibron Classics series.

ISBN 0-543-95305-X (paperback)
ISBN 0-543-95304-1 (hardcover)

This Elibron Classics Replica Edition is an unabridged facsimile of the edition published in 1870 by Maisonneuve et Cie, Paris.

HISTOIRE

DES

ORIENTALISTES

DE L'EUROPE

DU XIIe AU XIXe SIÈCLE

PAR

GUSTAVE DUGAT

TOME SECOND

Série du XIXe siècle

BELIN — BERESINE
BRESNIER — CLEMENT-MULLET
DOZY — EASTWICK — FLEISCHER
FLUGEL — JUYNBOLL — MAX. MULLER
MUNK — PAUTHIER — SHAKESPEAR
VULLERS — WUSTENFELD

PARIS
MAISONNEUVE ET Cie, LIBRAIRES ÉDITEURS
15, QUAI VOLTAIRE, 15

1870

HISTOIRE

DES

ORIENTALISTES

DE L'EUROPE

Poissy. — Typ. Arbieu, Lejay et Cie.

HISTOIRE

DES

ORIENTALISTES

DE L'EUROPE

DU XIIe AU XIXe SIÈCLE

PAR

GUSTAVE DUGAT

TOME SECOND

Série du XIXe siècle

BELIN — BERESINE
BRESNIER — CLÉMENT-MULLET
DOZY — EASTWICK — FLEISCHER
FLUGEL — JUYNBOLL — MAX. MULLER
MUNK — PAUTHIER — SHAKESPEAR
VULLERS — WUSTENFELD

PARIS
MAISONNEUVE ET Cie, LIBRAIRES ÉDITEURS
15, QUAI VOLTAIRE, 15
1870

PRÉFACE.

La presse, tant en France qu'à l'étranger, a fait à mon premier volume un accueil sympathique dont je tiens à la remercier.

M. Ludolf Krehl, professeur de langues orientales à Leipzig, orientaliste dont on connait les savants travaux, ayant à rendre compte de ce livre [1], a parfaitement compris que mon but était moins d'insister sur la vie des orientalistes que de donner une nomenclature exacte de leurs travaux, et de montrer ainsi quelle influence chaque savant a pu exercer sur les progrès de la science.

La *Revue bibliographique universelle* [2] a consacré un article à mon premier volume ; elle m'encourage à con-

1. V. *Zeitschrift der Deutschen Morgenländischen Gesellschaft*, vol. XXII, p. 563, 1868.

2. N° de juillet 1869.

tinuer résolûment mon travail dont elle pressent la portée au point de vue bibliographique.

La *Presse israélite*, du 23 juillet 1869, a publié un article sur l'influence de la littérature juive en citant de mon premier volume ce qui a rapport aux Juifs et où je dis que les Juifs et Maures, convertis au christianisme, firent les *premières* traductions de livres orientaux. Le rédacteur ajoute en note :

« L'auteur, induit en erreur par des bibliographes du XVIIe siècle, paraît admettre que les apostats seuls ont fait ces traductions ; il n'en est rien, et bien des Juifs, fidèles à leur foi, n'en ont pas moins été des traducteurs. »

Je n'ai pu donner dans mon *Esquisse des études orientales* qui ouvre le premier volume, qu'un aperçu bien incomplet des origines de l'orientalisme, me réservant d'étudier ce sujet plus à fond quand ma publication s'approchera du XIIe siècle. Pour le moment, je ferai remarquer au Rédacteur de la *Presse israélite* que je n'ai eu en vue que des traductions en langue européenne d'ouvrages arabes philosophiques ou scientifiques. Son observation est juste pour les traductions hébraïques d'ouvrages arabes. Mais le point obscur à éclaircir est de savoir si nous devons les *premières* traductions de livres orientaux en langue européenne à des Juifs non convertis ou à des apostats : en d'autres termes quel est l'auteur de la première traduction, à quelle époque il vivait, s'il était Juif, Chrétien ou Maure, apostat ou non. C'est une question qui intéresse la science et je ne doute pas que le savant rédacteur de la *Presse israélite* ne fournisse quelque utile renseignement pour la résoudre.

La *Revue orientale* [1], tout en appréciant l'utilité d'une semblable publication pour les études orientales, a fait quelques observations sur l'ordre que j'ai adopté dans cet ouvrage. Elle s'étonne que je commence mon livre par la série des orientalistes du XIXe siècle. Puis elle aurait désiré me voir aborder une branche particulière des études asiatiques et en faire connaître les représentants distingués.

A la première observation voici ce que je réponds : j'ai commencé le premier volume de mon *Histoire des orientalistes* par un certain nombre de disciples célèbres des maîtres de la science orientale, je continue dans le second cette même série qui sera terminée dans le troisième ; ce 3e volume contiendra de plus les orientalistes

1. N° d'octobre 1868.

de la génération dont je fais partie. Arrivé à ce point des études orientales au XIXe siècle, je remonte à nos ancêtres, en consacrant une étude particulière aux grands maîtres, et je continue alors l'histoire de nos annales jusqu'au XIIe siècle.

Ce qui m'a décidé à suivre cette marche ascendante, c'est qu'il fallait d'abord donner aux travailleurs contemporains un exposé des travaux des orientalistes du XIXe siècle, afin qu'ils pussent en tirer un profit immédiat pour leurs études actuelles. Les orientalistes anciens ont vu leurs œuvres perfectionnées par leurs successeurs; leurs notices n'ont donc plus guère qu'un intérêt historique. Voilà la raison d'utilité qui m'a fait débuter par le XIXe siècle.

Quant à aborder une branche particulière de nos études, je m'en suis bien gardé : ne sait-on pas qu'un grand nombre d'orientalistes poursuivent à la fois deux ou trois spécialités de recherches. On serait donc amené à écrire deux ou trois notices pour un seul orientaliste. Rejetons les synthèses le plus loin que nous pourrons, dans la crainte de les faire intempestives, désordonnées.

J'ai dit dans le premier volume que cette publication

serait suivie d'une longue introduction sur l'orientalisme et d'une sorte d'encyclopédie orientale. Mais que je ne pourrai m'occuper de ces deux annexes qu'à la fin de la série de mes volumes où j'en puiserai les éléments.

Voilà pour la *Revue orientale* et pour ceux qui n'auraient pas bien compris le plan de mon travail.

Maintenant j'ai à tranquilliser des amis qui m'ont fait quelques observations sur le danger auquel peut m'exposer l'histoire que j'ai entreprise.

Comment, m'ont-ils dit, vous osez écrire la vie d'orientalistes vivants, mais vous allez mécontenter tout le monde!

Mon livre, je puis le dire, est bien une œuvre de bonne foi. Je n'ai ni à contenter celui-ci, ni à déplaire à celui-là. Ma seule ambition est de mettre aux mains des travailleurs un livre utile, un instrument d'étude, un guide, une sorte de manuel de bibliographie orientale. Je n'ai pas à dévier de la voie que je me suis tracée.

On trouvera dans le présent volume de belles manifestations de la puissance de l'érudition moderne. De grandes questions de science orientale et générale s'y trouvent traitées, à l'occasion des travaux de Munk, Max. Müller, Pauthier, sur l'invention de l'écriture, l'origine et la science du langage, la philologie comparée, les philosophies chinoise, hindoue, arabe et juive. Les études sémitiques, à des points de vue variés, lexicographie, histoire, littérature, grammaire, sciences, législation etc., y sont représentées par Fleischer, Dozy, Flügel, Juynboll, Belin, Bresnier, Wüstenfeld, Clément-Mullet; les études persannes, hindoustanies, turques, par Eastwick, Bérésine, Vullers, Shakespear.

On verra dans ces notices sur un certain nombre de disciples célèbres des grands maîtres, que la science qui leur fut léguée, n'a pas périclité entre leurs mains. S'ils n'ont pas eu la gloire de créer les premiers instruments de travail, il les ont singulièrement perfectionnés sous certains rapports.

Ce qui est surtout intéressant dans l'histoire des orientalistes, ce sont leurs œuvres. Leur vie, toutefois, n'est pas sans enseignement, et si elle se passe le plus souvent, dans les études de cabinet, le professorat, nous voyons d'autres orientalistes mener une existence plus accidentée soit dans les missions, les voyages scientifiques ou les postes diplomatiques. Dans ces notices, nous nous initions aux mœurs universitaires des peuples étrangers, aux habitudes de travail des plus grands savants de l'Europe. Nous voyons, par exemple, la manière dont les Allemands s'instruisent, leur coutume de voyager à travers l'Europe dans un but d'étude, leur pèlerinage à la poursuite de la science. C'est pour nous, français, si casaniers, une leçon que ce cosmopolitisme littéraire. Mais la ville qui a le privilége d'attirer les étrangers, c'est Paris :

Mecque des peuples bourdonnants[1] !

Cette metropole de la science a conservé et gardera toujours son prestige; car elle symbolise la civilisation universelle. Il est sans doute très-honorable pour la France de voir les savants d'outre-Rhin venir puiser à nos écoles leur initiation scientifique. Si nous n'y prenons garde, cependant, nous finirons par épuiser notre veine généreuse. Les étrangers, doublés de leur propre génie et du nôtre, nous aurons bientôt dépassés. A la séve nationale, sachons donc mêler un peu de la force des autres, retrempons-nous dans des études nouvelles.

Toutefois loin de nous la pensée que nous entrons en décadence. La France ne peut pas répudier son passé; elle saura toujours garder son rang et accomplir sa

1. Th. Gauthier.

mission. Elle restera la grande initiatrice des peuples. Il semble à certains esprits que Paris doive avoir le sort de Rome, d'Athènes, de Babylone, de Memphis ou de Ninive. Ils oublient ces esprits, déchus eux-mêmes, que les plus grands réformateurs modernes, tous enfants de la France, ont formulé la loi du progrès social, principe inconnu aux sociétés antiques. C'est une ère féconde qui a commencé au XIXe siècle; et ce qu'on regarde comme le coucher du soleil, est l'aurore d'un monde nouveau.

HISTOIRE

DES

ORIENTALISTES

I

F.-A. BELIN

Belin (François-Alphonse), orientaliste français, consul général à Constantinople, né à Paris, le 31 juillet 1817, appartient à une ancienne et honorable famille du Vexin français, dont la fortune fut emportée dans la tourmente révolutionnaire et dont les membres, pour la plupart, quittèrent leur pays natal.

Il s'adonna de bonne heure à l'étude des langues orientales sous la direction de J.-J. Marcel, ancien membre de l'Institut d'Égypte et directeur de l'Imprimerie impériale. Puis il suivit au Collége de France et à l'École des langues orientales les cours d'arabe, de persan et de turc de S. de Sacy, E. Quatremère, Am. Jaubert et Reinaud.

Nommé, en 1838, répétiteur à l'École royale des Jeunes de Langues, dirigée alors par M. Jouannin, premier secrétaire-interprète du roi, il occupa ces fonctions jusqu'en mai 1843, époque à laquelle il fut nommé drogman-chancelier du consulat de France, nouvellement créé à Erzeroum (Arménie).

Appelé, l'année suivante, en la même qualité à Salonique (Macédoine), il fut chargé pendant quelques mois de la gestion de ce poste consulaire, et passa, en septembre 1846, au consulat de France au Caire, dont il eut également la gestion en 1847. Nommé, en juillet 1852, aux fonctions intérimaires de secrétaire-interprète de l'ambassade de France à Constantinople, à l'époque où se traitaient les affaires importantes des Lieux-Saints, Belin rentra en France en août 1853, pour se marier avec mademoiselle Virginie Delaporte, fille d'un ancien consul.

Peu après son mariage, il fut détaché en mission spéciale, mars 1854, auprès du maréchal de Saint-Arnaud, commandant en chef l'armée d'Orient; et le 10 mai suivant, il était nommé secrétaire-interprète titulaire de l'ambassade de Constantinople, tout en continuant sa mission auprès du maréchal. Cette mission cessa le 2 janvier 1855. Rendu à son service auprès de l'ambassade, Belin reçut, le 8 novembre 1862, le brevet de secrétaire-interprète de l'Empereur à la même résidence, et par décret impérial du 19 octobre 1868, il a été élevé au grade de consul général [1].

[1] En 1713, un sieur Belin (François) (ainsi dénommé dans les

Telle a été jusqu'à aujourd'hui la carrière militante de notre orientaliste ; arrivons à ses travaux littéraires.

Sous la direction d'Am. Jaubert, professeur-président de l'École des langues orientales de Paris, il donna, de 1841 à 1843, sa collaboration à la publication des textes orientaux suivants, destinés à l'enseignement dans cette école :

1. *Vie de Djenghiz-Khan,* texte persan de Mirkhond; Paris, 1841, 174 pages, grand in-8.

2. *Histoire des Sassanides,* texte persan du même historien; Paris, 1841, p. 175 à 283. Id.

3. *Ambassade de Mehemed-Efendi à la cour de France,* texte turc; Paris, 1841, p. 80. Id.

4. *Ambassade de Séïd Wahid-Efendi* à la même cour, texte turc; Paris, 1843, p. 58. Id.

Belin a coopéré à la création de la typographie orientale de l'imprimerie Firmin-Didot, et a été chargé, de 1836 à 1845, de la révision des ouvrages orientaux publiés par cette maison ainsi que par celle de Dondey-

actes de baptême de la paroisse Sainte-Marie Draperis, de Pera, sous les années 1706 et 1736) était chancelier de l'ambassade de France, chargé des affaires de S. M. à Constantinople. En 1717, il porte le titre de chancelier, premier secrétaire, et est encore chargé des affaires en 1718. Il continue les fonctions de chancelier jusqu'au 13 septembre 1718, époque à laquelle, « vu son âge avancé, » il fut mis à la retraite par lettre de M. de Maurepas, et remplacé par Peyssonnel. (*Registre des délibérations de la Nation,* archives de l'ambassade de France.)

Dupré. Il a en outre prêté sa collaboration à la rédaction du catalogue de la Bibliothèque de Sylvestre de Sacy, pour les livres imprimés arabes, persans et turcs, publié par M. Merlin ; 3 vol. in-8, 1842-1847.

C'est dans le *Journal Asiatique* qu'a paru la longue série de la plupart de ses savants travaux, notices, mémoires et ouvrages :

5. *Notice sur le Dictionnaire arabe-français*, de J.-J. Marcel; *Journ. Asiat.*, octobre 1839.

6. *Charte des Turcs* ou *Khatti-humaïoun* de Gul-Khâné, texte et traduction annotée. Id., janvier 1840; 27 pages.

Le grand acte du 3 novembre 1839, du sultan Abd-ul-Medjid, qui assurait à tous les sujets de l'empire, quel que fût leur culte, une protection égale et introduisait dans l'administration des règles équitables, était la conséquence des principes réformateurs que son père, Sultan-Mahmoud, lui avait légués. Belin a très-bien fait ressortir dans son travail la haute portée du Khatti-chérif, et ses commentaires nous initient à une foule de connaissances politiques et administratives sur la Turquie.

7. *Notice sur les chrestomathies orientales* publiées à l'usage des élèves de l'École des langues orientales. Id., janvier 1842; 42 pages.

Après quelques considérations élevées sur le rôle de l'Orient dans les temps anciens et sous l'islamisme, Belin fait connaître par une analyse exacte ces publications destinées à l'enseignement. A l'occasion de la chrestomathie turque orientale, il fait remarquer que le turc oriental, un des idiomes tatars, est une des langues orientales dont l'enseignement rencontre le plus d'obstacles, par le manque presque absolu de livres élémentaires. Parlée par la plus grande partie des peuplades de l'Asie septentrionale et même des bords de la mer Caspienne, elle offre des secours précieux pour entendre une foule de passages relatifs à l'histoire et aux mœurs des anciens habitants de l'Asie. *La Chrestomathie turque occidentale* renferme, comme nous l'avons vu plus haut, les relations de deux ambassades envoyées par la Sublime-Porte à la cour de France, l'une en 1720, l'autre en 1807. *La Chrestomathie persane*, qui contient la vie de Djenghiz-Khan, est analysée en entier par Belin; il donne un exposé curieux de quelques lois et usages des Mongols. Enfin, la *Chrestomathie arabe vulgaire* contient un fragment du Roman d'Antar. D'autres publications sont venues plus tard compléter la série de ces textes, entre autres les *Prolégomènes des tables astronomiques* d'Oloug-Beg, d'Am. Sédillot.

8. *Fetoua relatif à la condition des Zimmis* et particulièrement des chrétiens en pays musulmans, depuis l'établissement de l'islamisme jusqu'au milieu du VIIIe siècle de l'hégire; traduit de l'arabe. *Journ. Asiat.*, novembre-décembre 1851 et février-mars 1852; 143 pages.

Ce mémoire important contient la traduction annotée d'un auteur du XIVe siècle de notre ère, Ibn-Nakkâch, qui retrace les principaux traits de l'histoire musulmane relatifs aux *Zimmis,* c'est-à-dire aux sujets non musulmans et plus particulièrement aux chrétiens. Il fait connaître les capitulations souscrites par les chrétiens pour conserver leur vie et leur foi; et les différentes opinions des Ulémas sur le maintien ou l'abrogation de ces pactes, et sur les causes qui pourraient motiver cette dernière.

9. *Extrait du journal d'un voyage de Paris à Erzeroum.* Id., avril 1852; 16 pages, avec planches reproduisant des inscriptions.

On trouve dans ce travail une série de mots et de locutions qui permettent de se faire une idée du langage usité à Erzeroum.

10. *Extrait d'un mémoire sur l'origine et la constitution des biens de mainmorte* en pays musulmans. Texte et traduction annotée. Id., novembre-décembre 1853; 51 pag.

Dans la constitution territoriale des pays musulmans, les biens de mainmorte ou *ouakfs* occupent une place importante. L'origine de ces dotations, sorte de *majorats religieux,* remonte à l'établissement de l'islamisme. Belin a fait de profondes études sur ce sujet, et il a offert aux lecteurs du *Journal Asiatique* un extrait d'un long travail. Cet extrait se compose de deux documents juridiques, émanés, le premier, du kadi de Constantinople, et le second, du *Mehkémé* (tribunal) de Galata, l'un des faubourgs de la capitale. Une foule de notes très-intéressantes, qui nous initient aux coutumes administratives de la

Turquie et précisent le sens de mots peu usités, accompagnent ce mémoire et lui servent en quelque sorte de commentaire.

11. *Discours* prononcé sur la tombe de J.-J. Marcel, le 13 mars 1854, édité par l'auteur; 6 pages in-8.

12. *Notice nécrologique et littéraire* sur J.-J. Marcel, membre de l'Institut d'Égypte, etc. *Journal Asiatique;* mai-juin 1854; 10 pages.

Il appartenait à Belin, élève de J.-J. Marcel, de faire la notice de son vieux maître, de ce brave vétéran de l'orientalisme français. Nous avions un grand nombre de biographies de ce savant; mais celle de Belin est la plus complète, la plus instructive. Il faut lire les curieux détails qu'il nous donne, par exemple, sur la manière dont Marcel *composa* lui-même, à bord du vaisseau l'*Orient*, la première proclamation arabe du général Bonaparte, qui fut répandue en Égypte, lors du débarquement de l'armée. Quels immenses services les orientalistes ont rendus à la politique, au commerce, aux lettres et aux sciences !

13. Lettre à M. Reinaud, membre de l'Institut, sur *un document arabe relatif à Mahomet*. Id., décembre 1854; 37 pages.

Ce fut un événement que la découverte en Égypte, par M. Barthélemy, d'une lettre de Mahomet adressée au vice-roi de cette contrée, en 628 de J.-C. Cette lettre, écrite en caractères coufiques, fut l'objet, de la part de Belin, de recherches qui vinrent prouver l'authenticité de ce document. On se rappelle la sensation que causa en Afrique la publication de cette lettre quand le *Journal Asiatique* y fut distribué. M. Cherbonneau, notre savant ami, avait prêté le numéro de son *Journal Asiatique* à un cheïkh de Constantine. Quand celui-ci le lui rendit, M. Cherbonneau s'aperçut que la lettre de Mahomet avait été enlevée. Le cheïkh avoua plus tard qu'il l'avait mise dans son turban.

14. *Idjâzé* ou diplôme de licence pour le professorat, délivré à Constantinople à la fin du dernier siècle de l'ère vulgaire, texte et traduction annotée. Id., mai-juin 1855.

Chez les musulmans, pour pouvoir enseigner la théologie, le droit ou telle autre science, il faut avoir reçu d'un docteur, reconnu pour tel, des lettres de licence. Le diplôme que Belin a publié, et qui nous fait connaître certains usages scolaires des musulmans, est divisé en trois parties : la première est le panégyrique du nouveau licencié; la seconde contient l'énumération des savants sous lesquels son maître avait étudié; et la troisième de touchants conseils que celui-ci se plaît à donner à son cher disciple en lui conférant le grade qui va le séparer de lui.

15. *Notice bibliographique et littéraire sur Mir Ali-Schir Névaïi*, suivie d'extraits en turc oriental, avec traduction annotée. Id., février-mars et avril-mai 1861; 158 pages.

Il s'agit ici du célèbre écrivain persan et homme d'État,

né en 1440 de J.-C., mort en 1500, émir sous le sultan timouride Hoçaïn. Belin nous donne de grands détails sur la carrière accidentée de ce littérateur, qui écrivit la plupart de ses ouvrages en turc oriental, langue à laquelle il donnait la prééminence sur la langue persane.

16. *Notice nécrologique sur M. Delaporte père*, ancien consul de France; 7 pages; éditée par l'auteur. Une autre notice sur le même a paru dans le *Journal des Débats*. Voy. aussi *Journ. Asiat.*, avril-mai 1861.

M. Delaporte (Jacques-Denis) avait accompagné le général Bonaparte en Égypte. Il a collaboré à la *Description de l'Égypte* et a publié quelques essais sur le berbère. Depuis son retour de l'expédition d'Égypte, il occupa divers postes consulaires de Barbarie et du Maroc.

17. *Étude sur la propriété foncière en pays musulman et spécialement en Turquie* (rite hanéfite). *Journ. Asiat.*, octobre, novembre et décembre 1861 ; février-mars, avril-mai 1862 ; 248 pages.

Dans ce long mémoire, Belin traite des questions très importantes et qui avant lui n'avaient été qu'incomplétement étudiées : origine de la propriété, butin provenant du *Djihâd* (guerre sainte); fortune publique; impôt personnel; impositions diverses, comprises sous le nom générique de *Zekiât,* aumône ou taxe pour l'assistance publique; *Wakoufs,* ou biens de mainmorte; revivification des terres mortes; concessions souveraines; nouveau droit des personnes et de la propriété, introduit par le *Tanzimat* et ensuite par le *Khatti-humaïoun* du 18 février 1856 ; loi régissant actuellement la propriété foncière en Turquie, et en particulier le domaine de l'Etat.

18. *Tarif des douanes turques,* édité par l'ambassade de France à Constantinople, sous la direction de Belin, délégué dans la commission des tarifs ; texte turc et version française ; imprimerie Cayol ; 120 pages in-4°, 1862.

19. *Note sur le Tchao*, insérée dans le *Journal de Constantinople*, 29 janvier 1863.

20. *Essais sur l'histoire économique de la Turquie* d'après les écrivains originaux. *Journ. Asiat.*, mai, juin-octobre, novembre et décembre 1864, janvier-février 1865 ; 314 pages.

C'était une tentative hardie que de faire l'histoire économique d'un peuple qui n'a pas laissé de traités sur la matière. Belin a abordé ce sujet avec un plein succès, grâce aux immenses lectures qu'il a faites des écrivains originaux. « S'élevant sur les débris de grands États, dit-il, la monarchie ottomane profita de la civilisation relative de ses devanciers ; et, en se faisant l'héritière de leur domaine territorial, elle s'appropria aussi, en les adaptant à ses instincts particuliers, la plupart des institutions déjà existantes dans l'ordre politique, économique et administratif. L'économie politique ottomane repose donc sur ce travail d'assimilation, combiné avec certaines conditions primordiales ; et elle offre ce double intérêt, de faire pénétrer dans la connaissance organique du pays, en montrant le jeu et la transformation successive de ses institutions politiques et administratives; et de fournir en même temps pour une autre époque des données non moins précieuses sur l'économie politique de l'Asie elle-même. On chercherait en vain des renseignements bien complets sur la matière dans les historiens indigènes, pour la plupart étrangers à cet ordre d'idées; ce n'est qu'en réunissant les fragments disséminés dans leurs chroniques, et échappés en quelque sorte à leur plume, qu'on peut tenter l'essai d'une esquisse faisant considérer l'histoire ottomane sous ce nouveau jour, et permettant d'en saisir l'ensemble. C'est la tâche que je me suis imposée dans la lecture des historiens et spécialement des historiographes. »

Le livre de Belin traite : 1° des monnaies ottomanes ; 2° de l'administration supérieure des finances, trésorerie ; 3° du système de comptabilité ; 4° des budgets ; et la cinquième partie contient un précis historico-économique de neuf périodes principales. C'est un véritable cours d'administration ottomane. Des notes instructives, substantielles, éclairent sans cesse le lecteur. C'est là un des ouvrages les plus importants de Belin et qui lui fait le plus d'honneur.

21. *Tableau de la presse périodique et quotidienne* à Constantinople en 1864. *Journ. Asiat.* janvier-février 1865.

22. *Moralistes orientaux.* Caractère, maximes et pensées de Mir Ali Schir Nevaïi. Id., juin, août, septembre, 1866; 58 pages.

C'est spécialement comme moraliste que Belin, dans ce travail, étudie Ali Schir, dont nous avons parlé plus haut. Il nous donne des extraits étendus d'un livre de ce littérateur homme d'État, le *Mahboub el-Koloub* (l'ami des cœurs). Ali Schir passe en revue toutes les classes de la société contemporaine et s'attache à peindre moins le caractère physiologique de chaque état, que les conditions requises pour exercer chacun d'eux. Les cadis et les muftis sont représentés avec les qualités qu'ils doivent avoir. Après l'énumération des diverses vertus, Belin nous donne d'après Ali Schir un certain nombre de maximes et de pensées remarquables qui ne dépareraient pas nos livres européens.

23. *Discours* prononcé à la distribution des prix du pensionnat des Frères de la doctrine chrétienne à Kadi-Keui (Chalcédoine), reproduit dans le journal *la Turquie* du 24 juillet 1866.

24. *De l'instruction publique et du mouvement intellectuel en Orient;* 45 pages grand in-8. (*Contemporain, Revue d'économie chrétienne*, cahier d'août 1866.)

25. *Encore quelques mots sur l'instruction publique;* 7 pages, même format, édité par l'auteur, 1867.

26. *Comptes-rendus annuels* de l'administration du cimetière catholique-latin de Constantinople; statistique,

histoire, archéologie religieuse et nécrologique; sept fascicules; 234 pages grand in-8; imprimerie Cayol, 1862-1868.

27. *Bibliographie ottomane*, ou notice des livres turcs imprimés à Constantinople durant les années 1281, 1282, 1283 de l'hégire; 1864, 1865, 1866, 1867, 1869 de J.-C. 31 pages. *Journal Asiatique*, 1868, 1869.

Belin a encore composé, d'office, divers autres mémoires historiques restés inédits; il a aussi réuni et préparé les matériaux de mémoires sur les *Poésies d'Ali Schir*, *l'ancien régime féodal de la Turquie*, sur les *capitulations*, l'histoire *de l'Église latine de Constantinople*, les *rites funèbres chez les chrétiens*. Enfin il a dans ses cartons un *vocabulaire arabe vulgaire* du dialecte d'Égypte et un *formulaire* d'actes civils, politiques et autres, recueillis pendant son séjour au Caire.

Reçu membre de la Société Asiatique de Paris en février 1833, notre éminent orientaliste est décoré de plusieurs ordres étrangers, officier de la Légion d'honneur et officier de l'instruction publique.

Nous venons de voir, par la longue série des travaux de Belin, qu'il s'est spécialement occupé des langues arabe, persane et turque et principalement de l'histoire et de la législation de l'Orient. Nul mieux que lui n'est préparé pour nous donner un grand ouvrage sur l'administration et la législation des peuples musulmans. Ce sont là des matières que ses fonctions et ses connaissances spéciales lui rendent familières. Peu de personnes sont placées dans des conditions aussi favorables pour traiter des sujets si importants et si difficiles. Sa tâche, du reste, serait singulièrement facilitée par les ouvrages qu'il a déjà publiés et par les recherches qu'il a faites. Nous savons très-peu de chose, par exemple, de l'administration arabe, sous les grands khalifats Omeyyade et Abbasside. En élargissant un peu son cadre, Belin ferait un livre bien curieux et d'une haute portée.

Cet orientaliste se distingue par une exacte connaissance des langues de l'Orient musulman. Quand il traite un sujet, il va au fond des choses, ne négligeant aucune recherche propre à éclairer son travail. Ecrivain consciencieux, d'une grande érudition, il laissera dans l'histoire de l'orientalisme des traces solides. Ses travaux sont de ceux qui restent, et il pourra dire avec le poëte : *Non omnis moriar.*

II

BÉRÉSINE

Bérésine (Élie-Nicolaewitch), orientaliste russe, né dans le gouvernement de Perm (Russie) le 19 juillet 1818, après avoir terminé son cours au gymnase de Perm, alla étudier les sciences historico-philologiques à l'Université de Casan. Pour les langues orientales, ses professeurs furent MM. Erdmann et Mirza-Kazem-Beg. En 1837, ses études universitaires terminées, il visita Astrakhan et les steppes-kalmouks. En 1841, ayant obtenu, après examen, le grade de maître pour les langues orientales, il fut envoyé par l'Université de Casan, en 1842, en Orient, pour trois ans.

Dans les années 1842, 1843, 1844, 1845, il parcourut toute la Perse du nord au sud, puis, passant par la Mésopotamie, l'Asie Mineure, la Syrie, il entra en Égypte, d'où il passa à Constantinople. Après un séjour d'un an dans cette ville, il revint en Russie, en touchant les côtes de la Crimée.

En 1846, il fut appelé, comme professeur extraordinaire, à la chaire de langue turque à l'Université de Casan. Désirant faire quelques études philologiques et ethnographiques sur les Tatars de Sibérie et sur leur langue, il se rendit à Tobolsk en 1848, après avoir fait des recherches historiques dans les archives de Moscou. Il visita, en 1852, Boulgar, ancienne ville au bord du Volga, dans un intérêt historique et archéologique. Nommé en 1854 professeur ordinaire à la chaire de turc à Casan, il fut appelé en 1855 à l'Université de Saint-Pétersbourg pour y occuper le même poste. En 1858 et 1860, il a fait deux voyages à Londres et à Paris pour y faire des recherches dans les bibliothèques.

De 1849 à 1855, il a été conservateur au cabinet des médailles à l'Université de Casan et reviseur des livres orientaux imprimés dans cette ville; de 1852 à 1854, rédacteur du journal du gouvernement de Casan; en 1863, membre de la commission instituée pour la réorganisation des Universités russes; de 1860 à 1863, membre du comité de la Société du fonds littéraire, où il a rempli les fonctions de trésorier de 1861 à 1862; rédacteur de la partie orientale pour la grande Encyclopédie russe; de 1863 à 1865, il a été chargé de la partie musulmane du journal russe de Saint-Pétersbourg.

Voici l'énumération des ouvrages de Bérésine :

1. *Compte-rendu d'un voyage d'un an en Orient*, en russe, inséré dans les Mémoires scientifiques de l'Université de Casan, 1845.

2. *Compte-rendu de six mois de voyage en Orient*, en russe. Id. 1846.

3. *Supplément à la grammaire turque*, en russe; Saint-Pétersbourg, 1847; traduit en allemand par M. Zenker.

4. *Description des manuscrits turcs-tatars* qui se trouvent dans les bibliothèques de Saint-Pétersbourg, en russe. Quatre articles insérés dans le Journal du Ministère de l'instruction publique, 1846, 1847, 1848 et 1849. Les deux premiers articles ont été traduits en allemand par M. Zenker.

5. *Bibliothèque d'auteurs orientaux*, en russe.—Tome Ier: Cheybaniade. Histoire des Mongols-Turcs, en dialecte djagatéien, avec traduction, notes et supplément. Casan, 1849. — Tome II : Recueil des annales. Histoire des Mongols-Turcs, en langue tatare. Casan, 1851. — Tome III : Généalogie de la race turque, par Abou'l-Gazi. Traduction en russe, par Sablonkoff. Casan, 1854.

6. *Voyage dans le Daghestan et au Transcaucase*, en russe. Avec les cartes, plans et vues des endroits remarquables. Casan, 1850. — 2e édition, augmentée. Id.

7. 1. *Yarlyque de Tochtamych-Khan à Yagaïlle*. Casan, 1850. — 2. Les Yarlyques tarkhans de Tochtamych, Timour-Khan et Saadet-Guirée. Casan, 1851. — 3. Organisation intérieure de la Horde d'or, d'après les Yarlyques

des khans. 1850. — 4. Les Yarlyques des khans donnés au clergé russe. Casan, 1852.

8. *Grammaire de la langue persane*, en russe. Trois parties. Casan, 1853.

9. *Recherches sur les dialectes musulmans ;* première partie : Système des dialects turcs, en français. Casan, 1848, in-8°.

10. Deuxième partie : *Recherches sur les dialectes persans*, en français. Casan, 1853, in-8°.

11. *Voyage dans la Perse septentrionale*, en russe. Avec le portrait de Mohammed-Chah, les vues et plans des endroits remarquables. Casan, 1852.

12. *Boulgar sur le Volga*, en russe. Avec les dessins des antiquités et inscriptions boulgares. Casan, 1853.

13. *Une visite aux endroits remarquables de Constantinople*, en russe. Saint-Pétersbourg, 1854.

14. *Première invasion des Mongols en Russie*, en russe. Saint-Pétersbourg, 1852.

15. *Deuxième invasion des Mongols en Russie*, en russe. Saint-Pétersbourg, 1854.

16. *La Religion musulmane dans ses rapports avec la civilisation*, en russe. Saint-Pétersbourg, 1855.

17. *Catalogue des monnaies et des médailles du cabinet numismatique de l'Université de Casan*, en français. Casan, 1855.

18. *L'Église orthodoxe et les autres Églises chrétiennes en Turquie*, en russe. Saint-Pétersbourg, 1855.

19. *Les proverbes des peuples de race turque*, en russe. Saint-Pétersbourg, 1856.

20. *Recueil des annales. Histoire des Mongols*, par Raschid-Eddin, en russe. — Tome I. Introduction, traduction russe et notes. Saint-Pétersbourg, 1858; — tome II, introduction, texte persan. Saint-Pétersbourg, 1860; — tome III, Histoire de Djenkhiz-Khan, première moitié, texte persan. Saint-Pétersbourg, 1865.

21. *Chrestomathie turque,* en français et en russe. Casan, tome II, 1857 ; tome I, 1862.

Ses principaux articles, insérés dans divers recueils russes, sont :

22. Les Yézides. — 23. Pèlerinage à Kerbela. — 24. Les chrétiens en Mésopotamie et en Syrie. — 25. Astrakan en 1842. — 26. Le Ramazan à Constantinople. — 27. Scènes au désert. — 28. Le golfe Persique. — 29. Les nouvelles découvertes à Babylone. — 30. La Turquie moderne. — 31. Les réformateurs en Orient. — 32. La Chine et ses rapports avec l'Europe. — 33. La Métropole et les Colonies. — 34. Mosoul. — 35. Voyage en Syrie pendant l'hiver. — 36. Les brigands curdes et arabes. — 37. Bender-Bouchir. — 38. La Crimée. — 39. Les nouvelles découvertes dans les inscriptions cunéiformes. — 40. Les Hébreux. — 41. L'Égypte moderne. — 42. Les centres scientifiques en Europe.

Bérésine est conseiller d'État actuel, professeur ordinaire de langue turque à l'Université de Saint-Pétersbourg, docteur ès sciences, conservateur au cabinet des monnaies orientales à l'Université de Saint-Pétersbourg, juge au tribunal universitaire, membre des Sociétés asiatiques de Paris et de Leipzig, de plusieurs Sociétés savantes de Russie et chevalier de l'ordre persan du Lion et du Soleil.

Connaissant la plupart des langues de l'Orient musulman, il s'est surtout adonné à l'étude de la langue turque. Son activité littéraire s'est principalement portée sur l'histoire des Mongols, et spécialement sur ce qui concerne leurs rapports avec l'histoire russe. Il continue la publication de cette histoire par Rachid-Eddin. Toute l'histoire de Djenghiz-Khan et de ses successeurs jusqu'à celle des Mongols de la Perse est traduite. Il a complétement achevé de préparer les textes du second volume de sa chrestomathie turque, à laquelle il doit ajouter un troisième volume contenant des notes philologiques.

Voilà certes une carrière bien remplie. Bérésine, dans ses nombreux voyages, a recueilli des faits nouveaux sur les races asiatiques; ses livres serviront encore à nous mieux faire connaître cet Orient, que les savants d'Europe par des études incessantes fouillent de tous côtés et dont les annales confuses seront un jour aussi claires que notre propre histoire.

III

BRESNIER

Bresnier (Louis-Jacques), orientaliste français, né à Montargis (Loiret), le 11 avril 1814, était simple ouvrier typographe quand il entreprit les études orientales. Parvenu à une rare habileté dans son art et dévoré de la noble ambition d'acquérir un rang dans la science, il partageait ses journées et ses nuits entre ses occupations ordinaires et ses études classiques. Encouragé par de nobles esprits, il parvint seul à achever son éducation littéraire. Il suivit les cours de langues orientales de S. de Sacy, Quatremère, Jaubert, Garcin de Tassy, Caussin de Perceval et les leçons de J.-J. Marcel.

S. de Sacy fut, parmi ces maîtres célèbres, celui qui développa le plus ses précieuses facultés pour les langues. Aussi Bresnier devint-il un des élèves les plus distingués de ce grand orientaliste. Lorsque le gouvernement décida d'introduire à Alger l'enseignement de la langue arabe, S. de Sacy désigna Bresnier pour aller continuer au nord de l'Afrique les traditions de son enseignement.

Ce fut le 17 octobre 1836 qu'il commença son cours d'arabe à Alger. Il serait bien difficile d'énumérer tous les services que cet enseignement, fait avec une rare intelligence et avec une sorte d'enthousiasme, a rendus à notre colonie pendant une période de plus de trente-deux années. Bresnier a formé un grand nombre d'élèves dont plusieurs occupent ou ont occupé des chaires d'arabe en Afrique, entre autres MM. Richebé et Gorguos. La formation du corps des interprètes militaires est en grande partie son œuvre. C'était lui qui présidait aux examens pour leur admission, qui établissait les programmes des épreuves à subir. Bresnier professait de plus la langue arabe à l'école normale d'Alger.

Les publications de cet orientaliste sont les suivantes :

1. *De l'enseignement de l'arabe à Alger. Journal Asiatique*, mai 1838.

Dans cet article il expose sa méthode d'enseignement dans les premières années de son séjour à Alger. Il faisait deux cours, l'un d'arabe écrit, l'autre d'arabe parlé. La grammaire de S. de Sacy était le livre dont il dictait à ses élèves un abrégé succinct. Les textes étaient des sentences ou proverbes et des passages du Coran. Il prenait grand soin de n'admettre au cours d'arabe parlé que les élèves qui avaient suivi au moins pendant une année le cours d'arabe écrit, pensant avec raison qu'il fallait empêcher la routine de tenir chez les enfants la place de l'intelligence, et que la connaissance parfaite d'une langue ne s'acquiert que par une étude laborieuse et raisonnée de la grammaire et par la lecture assidue des livres des écrivains autorisés. Ce cours public, professé dans une ancienne mosquée, eut pour résultat, en formant des arabisants distingués, de faciliter les transactions avec les indigènes, et d'affermir, par des liens moraux, notre domination sur la terre d'Afrique.

2. *Esquisse de la langue arabe parlée à Alger et dans la Régence d'Alger. Journal Asiatique,* décembre 1838.

Dans cet écrit, Bresnier fait connaître les traits caractéristiques du dialecte algérien et donne quelques détails sur la culture intellectuelle de la population indigène à cette époque. C'était alors un sujet peu connu, et le travail de Bresnier attira vivement la curiosité des lecteurs du *Journal Asiatique.* La population d'Alger n'était, au 1er janvier 1838, que de 25,962 habitants, dont il nous donne la décomposition par race pour mieux faire apprécier de quels éléments est constitué ce dialecte arabe.

3. *Cours pratique et théorique de langue arabe,* renfermant les principes détaillés de la lecture, de la grammaire et du style, ainsi que les éléments de la prosodie, accompagné d'un traité du langage arabe usuel et de ses

divers dialectes en Algérie. 1846, 1re édition; 1855, 2e édition. Alger, Bastide, xvi et 668 pages.

La première édition fut autographiée par Bresnier lui-même. Cette publication fit événement à Alger. Je me rappelle que, me trouvant dans cette ville au moment de l'apparition du livre, on s'arrachait les premières livraisons qui venaient de paraître. Son livre était, comme il le dit dans l'avant-propos de sa seconde édition, une sorte de construction provisoire destinée à pourvoir aux nécessités du moment. Nous ne nous occuperons donc ici que de cette dernière édition qui est devenue un édifice complet, solidement construit et qui peut utilement abriter des générations d'arabisants.

Après quelques considérations élevées sur le rôle des études arabes en Algérie et sur le but qu'il s'est proposé dans ce livre, Bresnier présente quelques observations importantes sur la manière dont il faut envisager l'étude d'une langue, de l'arabe en particulier. Il a été un des premiers à combattre ce préjugé, qu'il y avait une *langue arabe vulgaire* constituée et écrite. Il a parfaitement expliqué qu'il fallait envisager la langue arabe sous ses deux aspect : écrit et parlé, comme toutes les langues. Le français parlé et le français écrit ne sont pas divisés en français *vulgaire* et français *littéral*. Il n'y a qu'un style correct ou incorrect, une seule orthographe bonne ou mauvaise. Quant au langage, il est soumis aux influences des localités ou des individus. L'arabe est dans les conditions de toutes les langues. Mais, pour en posséder complétement la connaissance, il faut mener de front la pratique et la théorie qui doivent se développer l'une par l'autre, c'est-à-dire l'arabe écrit et l'arabe parlé, l'étude des classiques et le langage oral.

Dans son ouvrage, Bresnier a poursuivi constamment ce résultat. Il divise son Cours en six livres : le premier est consacré à développer les notions élémentaires de la pratique orale; le second contient les principes détaillés de la lecture en arabe. Dans cette partie de son livre, il a présenté quelques considérations neuves sur le rôle de l'*alif*, incomplétement compris par quelques grammairiens d'Europe. Tous les spécimens d'écriture en usage, aussi bien en Orient qu'en Afrique, se trouvent reproduits avec une merveilleuse exactitude. Le troisième livre comprend les éléments de la grammaire arabe, les rouages de la langue. Le quatrième traite de la syntaxe; on y trouve des réflexions très-judicieuses sur la phraséologie arabe (Voy. p. 402 une très-bonne note sur le verbe substantif). Le cinquième livre a trait à la prosodie et à la métrique des Arabes. Enfin le sixième a pour objet le langage et ses dialectes; c'est l'exposé de l'altération populaire de formes de mots indiqués dans les chapitres consacrés à l'arabe régulier. Cette altération s'étend ou se restreint, suivant le degré d'instruction ou d'éducation des individus, et selon les usages des diverses localités africaines.

Bresnier a exposé les principes essentiels de la grammaire arabe, d'après une bonne méthode et avec une grande clarté. Les grammaires les plus simples sont les meilleures, surtout pour l'Algérie, où le débutant est pressé d'arriver à la pratique par un chemin déblayé. De nombreux exemples choisis dans le *Coran*, les *Mille et une Nuits*, le *Hamaça*, *Hariri*, etc., viennent constamment dans cet ouvrage servir de démonstration aux règles. Dans la partie consacrée à l'arabe usuel, on trouve des textes reproduits tels qu'ils sont figurés et écrits par les Arabes de nos jours. Une transcription en caractères d'impression et une traduction servent de guides à ceux qui veulent se familiariser avec le style et l'écriture usuels. En multipliant des textes de toute sorte dans son *Cours* d'arabe, Bresnier a rendu un immense service aux étudiants et aux savants eux-mêmes qui, éloignés de l'Afrique ou de l'Orient, n'ont pas toujours l'occasion de consulter des écrits que l'usage seul a créés.

4. *Djaroumiya*, grammaire arabe élémentaire de Mohammed ben Dawoud el-Sanhadjy, texte arabe et traduction française, accompagnés de notes explicatives. 1866, 2e édition in-8 avec un titre arabe or et couleurs.

Le même ouvrage, texte arabe seul, in-8.

Ce fut une idée très-heureuse qui vint à Bresnier de publier le texte et la traduction de ce petit traité grammatical; car il me semble que les auteurs européens de grammaires arabes auraient dû, avant de composer leurs ouvrages, nous faire connaître des traités originaux. Nous en sommes encore à attendre la publication et la traduction du fameux livre de Sibouaïh sur la grammaire arabe. Il était bien plus logique de faire connaître les systèmes des grammairiens arabes avant d'entreprendre nous-mêmes des grammaires. Aussi nous ne pouvons que louer le professeur d'Alger d'avoir compris cette nécessité de nos études, alors même que la *Djaroumiya* soit un livre extrêmement succinct.

5. *Anthologie arabe élémentaire,* choix de maximes et de textes variés, la plupart inédits, accompagné d'un vocabulaire arabe-français, à l'usage du lycée et des écoles primaires supérieures de l'Algérie. 1852

Un fort vol. in-18, orné d'un joli titre arabe, or et couleurs.

6. *Chrestomathie arabe*, contenant des lettres, actes et pièces diverses avec la traduction française en regard, suivie d'une notice sur les successions musulmanes, et d'une concordance inédite des calendriers grégorien et musulman.

2e édit. 1857, revue, corrigée et augmentée ; un fort vol. in-8, orné d'un beau titre arabe, or et couleurs.

Cet ouvrage, qui n'est pas sans analogie avec ces formulaires du Cadi ou du Khodja imprimés en Orient, a rendu de grands services à l'administration de l'Algérie et surtout aux interprètes, qui le considèrent comme un modèle du genre. Ces actes, ces circulaires, ces jugements émanés les uns des tribunaux indigènes, les autres de l'administration musulmane, sont des documents qui nous font pénétrer dans la vie intime des indigènes, dans la société arabe en action.

7. *Eléments de calligraphie arabe*, comprenant 34 modèles d'écriture arabe, orientale et barbaresque : 17 barbaresques (Maroc, Algérie, Tunis), et 17 orientaux (Égypte, Turquie, Perse, Syrie, etc.), avec une introduction explicative. 1855 ; un cahier in-8 oblong dans un carton.

C'est ici le moment de parler du talent admirable de Bresnier comme calligraphe arabe. Nous avons rarement vu d'écriture aussi parfaite que la sienne et en plusieurs genres : orientale, neskhi, coufique, barbaresque. Tous ses livres s'ouvrent par un frontispice exécuté par lui et où le titre en caractères arabes se trouve encadré dans des enluminures traitées avec un art consommé. L'Orient a conservé longtemps le goût et le secret de ces œuvres artistiques. Les dentelures si délicates de l'architecture arabe sont en quelque sorte transportées dans la peinture appliquée à la décoration des manuscrits. C'est cet art purement arabe que Bresnier a voulu ressusciter et il y a pleinement réussi. Le philologue se trouve donc doublé d'un artiste.

8. *Principes élémentaires de la langue arabe*, ouvrage théorique et pratique contenant les règles et les faits les plus caractéristiques de la lecture, de l'écriture, du lan-

gage, de la grammaire et de la métrique; 1867, in-18, 306 pages. Alger, Bastide.

C'est une sorte de réduction de son Cours théorique et pratique. M. Cherbonneau, l'habile et savant directeur du collége arabe-français, a rendu compte de cet ouvrage dans la *Revue Africaine* de mai 1867. Il l'a examiné à tous ses points de vue. Son article nous dispense d'entrer dans les détails de cette œuvre, qui se recommande à l'attention des étudiants par un exposé net, précis et dont l'étude leur tiendra lieu de beaucoup d'autres livres.

Telle est la série des publications de l'ancien professeur d'arabe à la chaire publique d'Alger. Avons-nous donné une idée suffisante de la laborieuse carrière de cet orientaliste? Avons-nous assez fait apprécier la haute portée et les résultats de son long enseignement? Nous ne le pensons pas. Comment parler de tous les élèves, de tous les interprètes qu'il a formés et faire ressortir le puissant secours que, dans ses modestes fonctions de professeur, il a apporté à l'œuvre de la colonisation? Nous lui devons d'avoir implanté au nord de l'Afrique les saines traditions d'étude de notre célèbre École des langues orientales.

Membre de la Société Asiatique, premier vice-président de la Société historique algérienne, il était chevalier de la Légion d'honneur et officier de l'instruction publique.

Les connaissances de Bresnier étaient très-variées. Familiarisé avec toute question de philosophie, de littérature, d'art, il s'est montré dans son enseignement le digne disciple de S. de Sacy, pour qui il conserva toute sa vie une espèce de culte. On trouve en lui quelques-unes des qualités de ce grand maître : solidité de jugement, pénétration, conscience dans le travail. Fuyant toute intrigue, tout charlatanisme, ennemi des *faiseurs*, il avait conquis sa position par les seules forces de son intelligence, et il s'était acquis bien des sympathies par l'aménité et la droiture de son caractère.

Hâtons-nous donc de former en Afrique des régiments de Bresnier, et nous aurons singulièrement avancé la solution du problème que le sphinx providentiel nous a posé sur cette côte barbaresque où nous devons asseoir la civilisation.

Cette notice était terminée quand nous avons appris la mort de Bresnier. Nous nous faisions une fête de lui adresser ce volume, dans lequel il figure presque malgré lui. Notre ami, M. Cherbonneau a prononcé sur sa tombe le discours d'adieu [1], dans des termes nobles et chaleureux, où il nous le montre avec ses grandes qualités de cœur et d'intelligence. Bresnier est mort d'apoplexie, le 21 juin 1869, en se rendant à la bibliothèque d'Alger où l'attendaient ses élèves. Soldat de la civilisation sur cette terre d'Afrique, il a été frappé au champ d'honneur.

1. V. *Akhbar* du 24 juin 1869.

IV

CLÉMENT-MULLET.

Clément-Mullet, orientaliste français, né le 17 janvier 1796, à Lusigny (Aube), fit ses études au collége de Troyes. Destiné à entrer dans le notariat, il commença à suivre un cours de droit, qu'il abandonna bientôt pour s'adonner aux sciences naturelles, vers lesquelles il était invinciblement attiré.

En 1828, il vint à Paris étudier la géologie sous Elie de Beaumont, et la minéralogie sous Dufrénoy. En même temps se développa chez lui le goût pour les langues orientales. Il suivit au Collége de France le cours d'hébreu d'Et. Quatremère, celui de la Sorbonne de M. l'abbé Glaire, et plus tard celui de M. l'abbé Bargès. Il s'initia également à la connaissance de la langue arabe sous MM. Caussin de Perceval, Reinaud et sous la direction du savant Munk, dont il fut l'ami dévoué. Pendant longtemps les études orientales de Clément-Mullet se bornèrent à des travaux de cabinet ; il arriva à des résultats plus immédiats dans les sciences naturelles et surtout dans la géologie.

Ramené à la campagne par la belle saison, il se mit à explorer le département de l'Aube et à étudier sa constitution géognostique, qu'il sut le premier reconnaître et expliquer, ainsi qu'il résulte des notices qui figurent dans les Mémoires de la Société académique de l'Aube, dans les Bulletins de la Société géologique de France, et des mentions dans la description géologique de l'Aube par M. Leymerie. Vers 1830, quand la Société de géologie se fonda, Clément-Mullet y fut admis un des premiers. Son zèle pour le travail le fit bientôt remarquer et lui acquit la confiance de ses collègues. Il y remplit pendant longtemps les fonctions de secrétaire pour l'étranger et d'archiviste, sans vouloir accepter de poste plus élevé. Indépendamment des articles de géologie, il a donné plusieurs notices et extraits d'ouvrages traduits de l'allemand. On lui doit aussi la table analytique des douze volumes qui composent la première série du Bulletin.

Dans cet ordre d'études il a publié, dans le *Bulletin de la Société académique de l'Aube*, de nombreux travaux, au nombre desquels sont les suivants :

1. Note sur le grès vert de Montieramey (Aube), 1831.

2. Course géologique sur les rives de la Laigne à partir des Riuys, 1836.

3. Observations géologiques faites à Montgueux et à Laine-au-Bois, en collaboration avec M. des Étangs, 1837.

4. Sur les bélemnites, les aérolithes et les pierres de foudre, 1839.

5. Rapports géologiques entre les terrains des environs de Boulogne-sur-Mer et ceux du département de l'Aube, 1840.

6. Note géologique sur les environs de Villenoxe-la-Grande, 1842.

7. Excursion géologique à Sommeval et au Valdreux, 1842.

8. Notice et extrait du XIIIe volume du Bulletin de la Société géologique de France, 1843.

9. Terrains aquifères de la Haute-Saône, 1844.

10. Réunion de la Société géologique de France à Chambéry, 1844.

11. Explications sur la nature et la disposition du sol dans le département de l'Aube, 1846.

12. Rapport sur une notice de M. Collet, relative aux eaux souterraines du département de l'Aube, 1847.

13. Documents pour servir à l'histoire du télégraphe électro-magnétique, 1850.

14. Note sur un bruit extraordinaire entendu le 6 juin 1850. — 1850.

15. Note géologique sur Montgueux et sur un cours d'eau souterrain qu'on y avait signalé, 1851.

16. Note sur les phosphates calcaires et sur la probabilité de leurs gisements dans le département de l'Aube, 1857.

A ces recherches géologiques, il ajouta l'étude des plantes, de la physiologie végétale, de l'agriculture et nécessairement de la météorologie, sur laquelle il a réuni diverses observations qui n'ont jamais été publiées; elles ont été données à la Société météorologique de France.

Si la saison d'été était consacrée aux études d'exploration, l'hiver ramenait notre savant aux études de cabinet, aux études de linguistique. Vers 1837, il fut élu membre de la Société Asiatique. Peu de temps après parut, dans le Journal de cette Société (3e série, vol. III, p. 525), une notice rédigée en collaboration avec M. le Dr Martins, professeur à la Faculté de médecine de Montpellier :

17. *Documents pour servir à l'histoire de la lithotritie chez les Arabes.*

Il était alors arrivé à posséder une certaine somme de connaissances dans les sciences naturelles et en arabe.

Ayant remarqué que les orientalistes, même les plus célèbres pour leur savoir en philologie, étaient étrangers aux sciences naturelles, il résolut d'aborder ce terrain à peu près inexploré. Ses efforts se portèrent donc de ce côté. Le Pline des Arabes, le cosmographe Kaswini, devait nécessairement attirer ses regards. Il se mit à étudier sérieusement cet auteur, à copier celui des manuscrits de la Bibliothèque Impériale qui lui parut le plus complet. Cette copie fut collationnée sur quatre autres manuscrits, y compris celui de M. Varsy de Marseille, si souvent cité par S. de Sacy dans sa *Chrestomathie arabe*. Pendant qu'il préparait laborieusement cette publication, M. Wüstenfeld fit paraître en Allemagne le texte du naturaliste arabe. Toutefois Clément-Mullet avait inséré dans le *Journal Asiatique* (X^{e} vol., p. 421) un extrait de Kazwini sous ce titre :

18. *Enchaînement des trois règnes de la nature.*

Ce morceau, qui ne se trouve point dans le texte de l'éditeur allemand, nous montre à quel point en était la science de la nature au XIIIe siècle en Orient, et les idées des Orientaux sur les apparitions successives et liées des créations terrestres.

A ses *Recherches sur l'histoire naturelle chez les Arabes* se rattachent les notices suivantes :

19. *Sur les Arachnides. Journal Asiat.*, août, septembre 1854, p. 214.

Il a réuni sur cette matière divers articles de Maimonides, Avicenne, Damiri et Kazwini, et a rapproché quelquefois dans ses notes les textes de ces auteurs de celui d'Aristote. Il a essayé quelques déterminations, en s'aidant de la relation publiée par les savants de l'expédition d'Égypte du règne animal de Cuvier, etc. Après avoir donné la description des diverses araignées, il énumère les accidents causés par la morsure de chaque espèce en particulier.

20. *Sur le ver à soie. Journal Asiat.*, juin 1856, p. 496.

Dans cet article, Clément-Mullet donne le texte et la traduction d'un passage de Damiri sur le ver à soie, et fait connaître par d'autres recherches ce que les Arabes peuvent nous apprendre sur l'histoire et sur l'éducation de cet insecte précieux. Les Arabes nous aident à jalonner la route qu'il a suivie pour arriver jusqu'à nous.

21. *Pesanteur spécifique de diverses substances minérales; procédé pour l'obtenir, d'après Abou'l Rihan al-Birouny. Journ. Asiat.*, avril, mai, 1848, p. 379.

Ce mémoire nous démontre qu'au XIe siècle les sciences physiques chez les Arabes avaient acquis un grand développement. Les résultats donnés par Al-Birouny sont presque aussi précis que ceux que l'on obtient aujourd'hui avec les instruments perfectionnés de la physique actuelle.

22. *Le livre de l'agriculture d'Ibn-al-Awam*, 2 tomes en 3 vol. in-8, 1864-1867. Franck. — Introduction, traduction, notes et index.

C'est l'ouvrage capital de Clément-Mullet. Dans son introduction il donne quelques indications sur l'agriculture dans les temps anciens, en Orient et dans le monde grec et romain. Le traité d'Ibn al-Awam paraît avoir été composé au XIIe siècle. L'auteur habitait Séville ; il avait un grand goût pour l'agriculture et joignait la pratique à la théorie. Son ouvrage n'est point didactique, c'est une réunion des meilleurs préceptes d'agronomie, extraits des auteurs qui ont précédé, nabathéens, grecs, latins, arabes ou autres. On y trouve donc le résumé de tous les systèmes d'agriculture anciens. C'est une véritable *Maison rustique*, une encyclopédie agricole qui remonte aux temps les plus reculés. Beaucoup des prescriptions d'Ibn-al-Awam trouveraient aujourd'hui leur application. Une large part a été faite à l'élevage des animaux domestiques et surtout du cheval.

Dans son introduction, Clément-Mullet, après avoir analysé l'œuvre de l'agronome arabe, a eu l'occasion d'étudier l'*agriculture nabathéenne*, ce traité qui a donné lieu à tant de discussions. Il a le premier compris que ce livre était un véritable traité d'agriculture, pour lequel l'auteur avait fait de nombreux emprunts aux agronomes nabathéens, et ajouté beaucoup de récits populaires et de prescriptions cabalistiques ; mais on ne peut pas dire que ce traité soit la traduction exclusive d'un ouvrage d'origine nabathéenne. Ce serait encore, comme le livre d'Ibn-al-Awam, une sorte de *Maison rustique*.

Pour entreprendre la traduction d'un livre arabe de cette espèce, qui fourmille de difficultés inhérentes à la détermination des mots techniques, il fallait que Clément-Mullet fût préparé, comme il l'était, par ses études agricoles et ses connaissances dans les sciences naturelles. On sait combien nos dictionnaires arabes sont défectueux pour les termes qui se rapportent aux sciences. Aussi Clément-Mullet a eu de grands obstacles à vaincre pour déterminer les noms des arbres et des plantes, des insectes nuisibles et rongeurs, et surtout quand il a dû fixer l'équivalent des poids et mesures arabes en poids et mesures métriques actuels. Il est vrai que le texte arabe d'Ibn-al-Awam et la traduction avaient été publiés à Madrid au commencement de ce siècle (1802), par Banqueri, mais d'une manière très-fautive. Clément-Mullet ne néglige pas de dire que, malgré ses imperfections, cette œuvre lui a été d'un grand secours.

Pour l'histoire de l'agriculture et pour la science agricole elle-même, l'ouvrage de Clément-Mullet est d'une haute importance. Les agricultures grecque et romaine étaient déjà bien connues, mais celle des Arabes ne l'était point ou très-peu. Il est très-utile de publier les méthodes agricoles enseignées par les Arabes, surtout pour l'Algérie, dont la climatologie a tant de rapports avec l'Espagne et la Syrie.

Un index des mots arabes, la plupart techniques, a été ajouté au second volnme; ce sera un précieux supplément pour le Dictionnaire.

Cette traduction d'Ibn-al-Awam a été couronnée par la Société impériale d'agriculture de Paris, et c'était justice.

Clément-Mullet a été forcé, dans cette œuvre difficile, de faire un certain nombre de travaux accessoires restés inédits : par exemple des index des noms des végétaux en arabe, en hébreu et en grec, avec la synonymie linnéenne, et un travail *ex-professo* fort étendu pour la détermination des végétaux et des insectes ou petits rongeurs, cités dans Ibn-al-Awam. La publication de ces intéressantes recherches, au point de vue lexicographique, formerait un complément presque nécessaire du Traité d'agriculture. Il a publié, à titre de spécimen, le chapitre relatif aux céréales.

23. *Sur les noms des céréales chez les anciens et en particulier chez les Arabes ; Journ. Asiat.*, mars-avril 1865.

Il a montré dans ce travail une vaste érudition. Des travaux de ce genre ont une grande importance pour la lexicographie technique arabe qui laisse tant à désirer.

24. *Essai sur la minéralogie arabe ; Journal Asiat.*, janvier, février, mars 1868 ; 248 pages.

C'est un long mémoire sur les pierres précieuses. L'auteur a pris pour base le livre d'Ahmed-ben-Ioussouf-Teifaschi. On trouve des données sur vingt-quatre pierres de différentes valeurs, sur leur origine, leurs propriétés, les caractères qui constituent leur beauté. Il y a joint des documents sur le prix de quelques-unes d'entre elles et leur densité. C'est un véritable manuel du marchand bijoutier. Le texte de Teifaschi s'y trouve traduit presque en entier. Clément-Mullet a eu là encore l'heureuse idée d'ajouter une table des mots expliqués.

En dehors de ses travaux sur la géologie, l'agriculture arabe et ses recherches sur les sciences naturelles, nous devons à Clément-Mullet quelques publications hébraïques :

25. *Cantique de Débora,* traduit sur le texte hébreu (*Bulletin de la Société académique de l'Aube,* 1832).

26. *Sur la valeur du mot jour, iaum, dans la Bible,* Ier et IIe chapitre de la Genèse. *Journ. Asiat.*, février 1849.

Il a parfaitement expliqué dans ce mémoire que le mot *jour* devait s'entendre d'une période plus ou moins longue de temps. Le *jour* dans la création est le symbole de la période pendant laquelle s'accomplit un phénomène. Les six jours de la création seraient donc les six époques nécessaires à la manifestation des faits géologiques.

27. *Documents pour servir à l'histoire du rabbin Salomon Raschi,* ainsi appelé par les Juifs, et connu plus communément sous le nom de Jarchi (*Bulletin de la Société académique de l'Aube,* 1855).

Ce rabbin fameux, né à Troyes en 1040, a été l'oracle de la synagogue, et il l'est même encore aujourd'hui, tant pour les questions religieuses que pour le droit talmudique.

28. *Poésies* ou *Selichoth,* attribuées à Raschi (Id., 1856).

Ce sont des hymnes ou prières en vers, d'un sentiment élégiaque, qu'on récite dans les fêtes où il y a tristesse dans la synagogue.

29. *Gotefried et Raschi,* légende du XIe siècle (*Annuaire de l'Aube,* 1857).

30. *Grammaire hébraïque* de J.-M. Rabbinowicz, traduite de l'allemand sous la direction de l'auteur. Franck, 1862. Cet ouvrage jouit d'une certaine réputation. Il a été très-bien accueilli en Allemagne, en 1853.

31. *Il faut toujours respecter la religion du serment*, apologue oriental, traduit de l'hébreu d'Abraham Maimonides, fils de Moïse. Troyes, 1859.

Les écrits de Clément-Mullet qui n'ont pas trouvé place dans l'énumération précédente sont :

32. *Le Jardinier et le Rossignol*, conte traduit du persan (*Bulletin de la Société académique de l'Aube*, 1837).

33. *Die Vorwelt und das Alterthum* (l'Antiquité et le monde primitif expliqués par l'étude de la nature), par le docteur H.-F. Link; traduit de l'allemand, 2 vol. in-8; Paris, Gide, 1837.

Cet ouvrage est très-intéressant à cause des documents qu'il fournit sur l'origine du globe et de ses habitants. Clément-Mullet reçut, à l'occasion de sa traduction, une lettre très-flatteuse d'Alex. de Humboldt.

34. Communication d'une tête celtique, trouvée dans une caverne à Nogent-les-Vierges, près de Creil (Oise) (*Bulletin de la Société de géologie*, 2 avril 1832).

35. Rapport au nom de la Commission chargée de l'examen des monuments d'Autun (Id., septembre 1836.)

36. Extraits des lettres de M. Russegger, pendant son voyage dans la Nubie, le Kordofan et le Fasakl, publiés

dans le Journal de MM. Leonhard et Brown dans le cours de 1838; traduits de l'allemand (Id., avril 1839).

37. Extraits des observations du même, sur la Palestine, la vallée du Jourdain et la mer Morte; nivellement qu'il en a donné. — Extrait de sa lettre sur la géologie du terrain entre le Caire et Suez. — Ses observations sur la chaîne à l'est du lac de Tibériade; traduit de l'allemand (Id., 1839, 1840).

38. Observations sur les basaltes. Réflexions sur la connexité des terrains crétacés et jurassiques, et sur la distribution des fossiles dans ces deux terrains (Id., 1842.)

39. Documents historiques et géologiques sur le lac Albano (Italie), considéré comme cratère de volcan moderne (Id., 1854).

40. Sur le *Fenek* (Fenecus arabicus). *Revue de l'Orient*, nouvelle série, tome VI.

Clément-Mullet a en portefeuille: *Un Traité des poisons* du célèbre rabbin philosophe Moïse Maïmonides. Le texte et la traduction sont en état d'être publiés avec de nombreuses notes. Il a de plus : *Etudes sur les traités abrégés d'agriculture orientale*, d'après les manuscrits arabes de la Bibliothèque Impériale, comparés avec les Géoponiques grecques.

Telles sont les productions scientifiques de cet homme laborieux qui, trop souvent interrompu dans ses travaux, n'a pu mettre au jour tout ce qu'il aurait désiré. Mais, d'après l'exposé que nous avons fait de ses œuvres, on peut juger de la variété et de la solidité de ses connaissances. Géologue, naturaliste, orientaliste, il a eu dans sa triple carrière de beaux succès. L'honneur d'avoir fait connaître les Arabes sous des aspects inconnus lui appartient. Ses recherches lexicographiques ont une utile portée : elles seront souvent consultées par les philologues, et mises à profit quand on pourra s'occuper de faire le grand dictionnaire arabe. Sa traduction d'Ibn-al-Awam est un service rendu à l'agriculture. Et quand on pense que le savant Clément-Mullet n'a obtenu que de maigres encouragements pour cette publication, qui lui a coûté une somme relativement importante, on admire cette abnégation, ce dévouement héroïque à la science, et l'on regrette que des efforts de cette nature ne puissent pas être mieux appréciés. Son caractère et sa vie se reflètent dans cette belle pensée, sa devise : *Facere benè studio et benefacere!*

DOZY

Dozy (Reinhart), orientaliste hollandais, né à Leyde, le 21 février 1820, appartient à une famille originaire de Valenciennes qui, en 1647, vint se fixer en Hollande. La véritable orthographe de son nom, qui fut changée par un de ses aïeux, est d'Ozy. Sa famille est alliée à de célèbres orientalistes; Elisabeth Dozy fut la femme du premier Schultens, le fameux Albert, et la mère du second, Jean-Jacques. Ce dernier a peu publié, parce qu'il prit une large part aux disputes théologiques de son temps; mais, comme ses manuscrits le prouvent, il avait lu, la plume à la main, plus d'auteurs arabes que son père et son fils, Henri Albert. Une branche de sa famille a joint le nom de Schultens au sien, et s'appelle Schultens-Dozy. Voilà le titre de noblesse de notre orientaliste; nous allons le suivre dans toute sa carrière littéraire, et nous verrons que le descendant des Schultens n'a pas dégénéré.

De bonne heure Dozy montra un grand amour pour l'étude et une aptitude singulière pour les langues, la géographie et l'histoire, mais une répugnance invincible pour les sciences exactes ; et cependant il nous fera voir plus tard sa passion ardente pour *l'exactitude* dans les recherches. A l'âge de dix-sept ans, en 1837, il se fit inscrire comme étudiant à l'Université de Leyde. Il était alors sans doute inférieur pour les études classiques aux jeunes gens de son âge ; mais il les surpassait dans la connaissance des langues et des littératures modernes. Il avait lu beaucoup de poëtes hollandais, français, anglais, allemands et italiens. Il avait fait surtout de l'allemand du moyen âge une étude spéciale, et lu très-consciencieusement les *Nibelungen*, ce saisissant tableau des combats homériques, des grandes passions des vieux Allemands, qui a toujours le privilége d'enflammer l'imagination des jeunes littérateurs. Il connaissait aussi le portugais, mais pas encore l'espagnol, et les premiers éléments de l'arabe. Un de ses condisciples, destiné à la théologie, lui offrit de suivre les leçons d'arabe du directeur du gymnase qu'il fréquentait. Il accepta avec empressement ; car, passionné comme il l'était pour le romantisme, tel qu'on le comprenait alors en Allemagne, il adorait le moyen âge et l'Orient. Avant d'arriver à l'Université, il se trouvait déjà fort bien préparé.

La Faculté des lettres était à ce moment dans un état déplorable. Elle comptait, sans doute, des savants de premier ordre, tels que Bake et Peerlkamp; mais qui, en général, se souciaient peu de leurs auditeurs, s'occupant surtout de leurs propres travaux. Un seul professeur, jeune encore, faisait exception à la règle, c'était Weijers, qui venait de succéder à Hamaker. Loin de négliger ses disciples, il vivait presque exclusivement pour eux, leur sacrifiant sa propre réputation comme auteur.

Dès la première année universitaire, Dozy assista à ses cours; à sa seconde il prit chez lui des leçons particulières, que son père paya de la manière la plus libérale. Les obligations qu'il eut à ce savant maître sont nombreuses. Weijers était, en effet, un professeur modèle; personne ne parlait aussi bien que lui, n'égalait sa méthode d'enseignement, claire, patiente, aimable, si l'on peut ainsi dire. Sa qualité dominante était l'exactitude; c'était celle qu'il appréciait le plus dans un disciple. Peut-être allait-il trop loin et attachait-il trop d'importance à des détails minutieux; toujours est-il que cette méthode sévère, rigoureuse, eut une influence des plus salutaires sur Dozy, qui avait une tendance au *dilettantisme*. Ce fut à ses leçons qu'il apprit l'arabe, l'hébreu, le chaldéen et le syriaque. Ayant une certaine aisance, il pouvait se livrer sans préoccupation de la vie matérielle, à ces longues et pénibles études. Il n'était pas obligé de considérer la science comme un gagne-pain, ce qui a été le triste sort de tant d'autres; car dans ce cas il se mêle toujours un peu de sang aux sueurs du savant pauvre.

J'aurai l'occasion quelque jour, dans une de mes préfaces, de traiter cette question : du progrès de la science orientale, selon qu'elle est cultivée par des hommes riches ou pauvres. Revenons à notre orientaliste.

Le savant qui, à cette époque et après Weijers, eut sur lui le plus d'influence, fut Étienne Quatremère. Il avait abordé l'arabe pour *se baigner dans les flots de la poésie orientale;* mais en étudiant cette langue, si difficile, il s'aperçut bientôt qu'il était loin le moment où il pourrait lire couramment les poëtes du désert. D'un autre côté, Weijers n'aimait la poésie que comme un moyen d'approfondir la langue, la grammaire. Au lieu donc de l'encourager à poursuivre le but qu'il s'était proposé, il tâcha de lui persuader que la poésie arabe ne valait pas la peine qu'il s'en occupât pour elle-même. Weijers n'était pas historien, mais il chercha à éveiller chez Dozy le désir de le devenir. Dozy était alors bien jeune, pour de semblables études. Il s'égarait volontiers dans le dédale des dynasties, des conquérants, des batailles.

Mais ce qui était bien plus à sa portée, c'était la lexicographie, et les savantes notes de Quatremère, surtout celles de ses *Sultans Mamlouks*, avaient pour lui un attrait irrésistible. Il les lisait, les relisait, je crois même avoir entendu dire qu'il les apprenait par cœur.

Ce fut dans cette disposition d'esprit qu'il lut cette question proposée par la troisième classe de l'Institut royal des Pays-Bas, dans sa séance du 16 décembre 1841:

« De vestibus quibus Arabes utriusque sexus diversis » temporibus et in diversis terris usi sunt, aut etiam nunc » utuntur, ità exponatur, ut, post brevem de universis » disputationem, singulæ secundum ordinem litterarum » arabicarum deinceps recenseantur, earumque forma, » materia atque usus explicentur. »

Il ne connut cette annonce que par hasard. La question lui plut tellement, qu'il résolut d'y répondre immédiatement. C'était une grande hardiesse : il avait à peine vingt-deux ans; les livres imprimés et manuscrits à compulser étaient nombreux, et il n'avait qu'une année devant lui pour composer son mémoire. Il trouva même à la Bibliothèque des difficultés matérielles auxquelles il ne s'attendait pas. On s'étonnait qu'un étudiant pût avoir besoin de tant de *brouettées* de livres, selon l'expression d'un bibliothécaire en chef, M. Geel, et on refusait parfois de lui en prêter. Pour le département des manuscrits arabes dont Weijers avait la direction, ce fut pis encore. Intrigué de le voir *dévorer* un si grand nombre de manuscrits, il s'inquiétait sérieusement de cette manie qui lui avait pris et qui menaçait de gâter pour toujours ses études. Avant de lui prêter d'autres livres, Weijers exigea qu'il lui fît connaître le but qu'il poursuivait. Son embarras était extrême : il ignorait que c'était Weijers qui avait proposé la question; mais il savait qu'il devait siéger dans la commission appelée à prononcer sur le concours. Or, l'usage voulait que les concurrents ne se fissent pas connaître à leurs juges. Dans cette circonstance épineuse, il devait ou renoncer à son projet, ou bien mettre un de ses juges futurs, et le principal, dans la confidence de son plan. Il choisit ce dernier parti. Weijers fut un peu étonné d'apprendre qu'un étudiant osât répondre à une question proposée par l'Institut. Il ne le découragea pas. Il ne l'aida pas non plus, ce qui eût été peu loyal pour ses concurrents; tout le monde en Europe pouvait concourir. Mais il lui fournit les manuscrits qu'il demanda.

Il est difficile d'apprécier quelle activité de travail Dozy dut déployer pour que son mémoire fût prêt au temps fixé et copié par ses amis; car l'écriture ne devait pas être de la main du concurrent. Ses efforts furent couronnés de succès. Dans sa séance du 20 novembre 1843, l'Institut lui décerna le prix. Il fut autorisé à apporter à son travail les additions qu'il jugerait convenable. L'ouvrage ne parut qu'en 1845, sous ce titre :

1. *Dictionnaire détaillé des noms des vêtements chez les Arabes.* 1 vol. gr. in-8° de VIII et 446 pages ; Amsterdam, Jean Muller, 1845.

M. Ch. Defrémery a consacré deux articles à cet ouvrage dans le *Journal Asiatique* d'octobre 1846 et août 1847. Dans ses *Mémoires d'histoire orientale*, il a reproduit ces articles et a ajouté un supplément à ce dictionnaire. J'ai eu moi-même l'occasion de présenter quelques observations sur le livre de M. Dozy, en indiquant un complément à y ajouter (Voy. *Journ. Asiat.*, janvier 1856).

2. Mentionnons en passant un de ses articles sur un livre de M. Veth, intitulé : *Dissertatio de institutis Arabum*, etc., article inséré dans le *Gids* de janvier 1843.

Le sujet de son livre, *Scriptorum Arabum loci de Abbadidis*, lui fut indiqué par Weijers, ainsi que la marche à suivre dans ses recherches. Il s'en occupa dès que le *Dictionnaire des vêtements arabes* le lui permit, et les six premières feuilles parurent comme thèse pour le doctorat ès lettres. Il obtint ce grade le 1er mars 1844 ; mais Weijers ne put être son examinateur : il souffrait d'une maladie incurable qui avait déjà duré plus d'un an et qui l'enleva, un mois après sa promotion, à l'âge de trente-huit ans.

3. Peu de temps après parut dans le *Journal Asiatique*, de mai et juin 1844, son *Histoire des Benou-Zyân de Tlemcen*, traduite sur un manuscrit arabe et accompagnée de notes, en deux articles.

Dans l'été de 1844, il se maria et fit avec madame Dozy, Hollandaise d'un rare et charmant mérite, un voyage en Allemagne. Conduit à Gotha où il resta huit jours, il découvrit le troisième volume d'Ibn-Bassâm, que le catalogue présentait comme un volume dépareillé d'El-Makkari. Il s'aperçut qu'il pouvait lui être utile pour son histoire des Abbadides, et qu'il contenait des renseignements nouveaux et précieux sur le Cid. Il obtint la permission de l'emporter à Leyde, avec plusieurs autres. A

Leipzig, il eut l'avantage de faire la connaissance de l'illustre Fleischer.

En 1845, il fit un voyage en Angleterre, principalement pour copier à Oxford les passages du second volume d'Ibn-Bassâm qui lui étaient nécessaires pour ses Abbadides. Il fit des copies d'autres manuscrits arabes et des collations, à Oxford comme à Londres. Il examina, en outre, les manuscrits hollandais ou flamands du moyen âge, et il eut le bonheur de découvrir plusieurs ouvrages, notamment deux longs poëmes, dans un manuscrit d'Oxford, dont les titres mêmes étaient inconnus en Hollande. Il communiqua le résultat de ses recherches dans une lettre adressée à M. de Vries, son ancien condisciple, aujourd'hui son collègue à l'Université, et qui fut imprimée dans les :

4. *Verslagen en berigten intgegeven door de Vereeniging ter bevordering der on de Nederlandsche Letterkunde.* 1845, p. 33-56.

En 1846 parut le premier volume de ses

5. *Scriptorum Arabum loci de Abbadidis,* in-4°, Leyde, Brill.

Le volume second fut publié en 1852 (Id., Id., 287 pages), et le troisième volume en 1863, qui complète et rectifie les deux autres (VIII et 250 pages).

C'est une monographie de la dynastie des Benou-Abbâd de Séville, sur laquelle on ne savait que peu de chose avant Dozy.

Pendant que le premier volume de cet ouvrage paraissait, il fut nommé conservateur-adjoint des manuscrits orientaux et chargé d'en faire le catalogue. Il avait formé le projet de publier une collection de textes arabes; le prospectus qui l'annonça fut publié en décembre 1845. Le nombre des donateurs et des souscripteurs suffit et au delà pour couvrir les frais de cette entreprise, et il put faire paraître dès 1846 :

6. *Commentaire historique sur le poëme d'Ibn-Abdoun par Ibn-Badroun*, publié pour la première fois, précédé d'une introduction et accompagné de notes, d'un glossaire et d'un index des noms propres. 1 vol. in-8, 1846-1848; Leyde, Brill, 128 et 322 pages. — Ce poëme d'Ibn-Abdoun roule sur la chute des Aftasides, princes de Badajoz.

7. *Notices sur quelques manuscrits arabes*, 1847-1851; Leyde, Brill, in-8°, 260 pages. Dans ce volume, Dozy a donné des extraits de l'ouvrage intitulé *Al Hollato's-siyara*, par Ibn-al-Abbar, sur l'histoire politique et littéraire des Arabes d'Espagne. Ibn-al-Abbar donne des détails biographiques, historiques, entremêlés de citations poétiques sur des personnages du IIe au VIe siècle de l'hégire.

8. *Abd-el-Wahid al Marrekoschi*, History of the Almohades, now first edited. Publié aux frais du comité anglais, pour la publication des textes orientaux; Leyde, 1847. Luchtmans, in-8, XXII et 290 pages. (Voy. un article de M. Ch. Defrémery sur cet ouvrage, *Journ. Asiat.*, octobre 1847.)

9. *Lettres sur quelques mots arabes* qui se trouvent dans le CCLXIV[e] chapitre de la chronique catalane d'En Ramon Muntaner (*Journ. Asiat.*, août 1847).

10. Trois longs articles sur la littérature castillane du moyen âge dans le *Gids*, 1848.

11. Lettre à M. Defrémery sur les mots arabes *Thaifour* et *Chariha*, dans le *Journ. Asiat.* de janvier 1848.

12. Analyse de la notice de M. Defrémery sur les *Emirs al Omara* (*Journ. asiat.*, novembre-décembre 1848).

13. *Histoire de l'Afrique et de l'Espagne*, intitulée : *Al-Bayan al-Mogrib*, par Ibn-Adhari de Maroc, et fragments de la chronique d'Arîb de Cordoue, texte arabe publié pour la première fois, précédé d'une introduction et accompagné de notes et d'un glossaire. 2 vol. in-8, 119 et 48 pages d'introduction et de glossaire, plus 649 pages de texte. Leyde, Brill, 1848-1851.

14. *Considérations sur l'histoire arabe*, à l'occasion de l'*Essai sur l'histoire des Arabes avant Mahomet*, par M. Caussin de Perceval, dans le *Gids* de 1849.

15. *Recherches sur l'histoire politique et littéraire de l'Espagne* pendant le moyen âge, t. I, 1849, in-8 ; Leyde, Brill., XII et 711 pages. La deuxième édition de cet ouvrage, qui est presque un livre nouveau, fut publiée en 1860, 2 vol. M. Defrémery a consacré plusieurs articles à cet ouvrage important (Voy. ses *Mémoires d'histoire orientale*, tome I, p. 81). C'est dans ces volumes que Dozy a relevé une foule d'erreurs accréditées par les historiens

européens sur l'Espagne : une partie des plus curieuses de ce livre est celle qu'il a consacrée au Cid ; c'est une dissertation où il a entrepris de résoudre toutes les questions d'histoire, de critique, de littérature qui se rattachent à l'existence de ce personnage et aux sources où ont puisé ses précédents historiens.

16. *Catalogus codicum orientalium Bibliothecæ academiæ Lugduno-Batavæ.* Les deux premiers volumes de ce catalogue ont paru en 1851, in-8° ; Brill. Ce fut le résultat de ses travaux à la bibliothèque de Leyde.

Cette époque de la vie de Dozy fut marquée par la publication de matériaux considérables relatifs, pour la plupart, à l'histoire des Arabes d'Espagne et d'essais de critique historique, destinés à montrer jusqu'à quel point les notions que l'on avait sur cette histoire étaient fausses et défectueuses. Sa démonstration fut victorieuse.

Avec l'année 1850 commence pour lui une nouvelle carrière. Malgré tous ces travaux et la vaillance qu'il y avait déployée, le gouvernement de cette époque pensait que Dozy pouvait fort bien se contenter de son humble emploi à la Bibliothèque et de son mince traitement de huit cents florins. Il est vrai qu'il ne passait guère pour compter au nombre des amis du gouvernement. Il appartenait en réalité à la minorité libérale, dont tous les vœux étaient pour une révision de la charte. Aussi combien de temps se serait écoulé avant qu'on eût songé à améliorer sa position, si la Révolution pacifique de 1848 n'eût tout changé. Le chef du parti libéral, M. Thorbecke, professeur de droit à l'Université de Leyde et président d'une réunion politique dont Dozy était membre, devint ministre de l'intérieur. A ce moment la chaire d'histoire universelle était vacante, on avait cherché en vain un historien pour l'occuper. M. Thorbecke, qui avait lu et approuvé les articles que Dozy avait publiés dans le *Gids* sur la littérature castillane, et dans lesquels l'histoire marchait de front avec les aperçus littéraires, le jugea en état d'être nommé à cette chaire, qu'il occupa au commencement de 1850. Son discours d'inauguration, prononcé le 9 mars, traitait :

17. *De l'influence favorable que les révolutions en France, à partir de* 1789, *ont exercée sur l'étude de l'histoire du moyen âge*. Ce discours, publié séparément, fut réimprimé dans les *Annales des Universités*.

Plusieurs de ses amis, qui s'intéressaient à ses travaux sur l'Espagne musulmane, regrettaient qu'il eût accepté cette chaire, craignant que l'étude et l'enseignement de l'histoire universelle ne fissent tort à ses études spéciales. Dans la première année surtout, ses cours demandèrent tout son temps. Il faut reconnaître, toutefois, que cette direction nouvelle donnée à ses études, en élargissant son esprit, dut avoir une influence très-heureuse sur son Histoire des Musulmans d'Espagne. Il eut nécessairement à lire un grand nombre d'ouvrages sur l'histoire européenne ; ses vues s'étendirent et les lois de la composition historique devinrent plus claires pour lui. Aussi consacra-t-il à son grand ouvrage le temps que lui laissaient ses fonctions. Ce fut principalement de son histoire d'Espagne qu'il s'occupa pendant dix ans, à partir de 1851, et pour laquelle il fit trois voyages à Paris. Pour se délasser de ce long travail, nous voyons Dozy écrire de temps en temps des articles dans quelques recueils :

18. Sur l'histoire de Boniface VIII, par Drumann, dans l'*Athenæum français* du 25 décembre 1852.

19. Sur la thèse de M. E. Renan : *de Philosophia peripatetica apud Syros, commentatio historica*; et sur l'*Averroès et l'Averroïsme* du même savant, deux articles (*Journ. Asiat.*, juillet 1853).

20. Sur Guillaume d'Orange, chansons de geste des XIe et XIIe siècles, publiées pour la première fois par M. Jonckbloet dans le *Gids*, 1854, un long article.

21. *Comment la Russie devint puissante.* Études d'histoire et de mœurs russes au XVIIe siècle, dans le *Gids* de 1856.

22. *L'Espagne sous Charles III*, deux articles dans le *Gids*, 1858, à propos de l'ouvrage de Ferrer del Rio. Il fit insérer un article plus court sur le même sujet dans les *Annales de Gottingue* du 12 juillet 1858.

23. *Sur l'édition d'Ibn-Batouta*, par MM. Defrémery et Sanguinetti ; *Annales de Gottingue* du 25 février 1860.

Avant de mettre la dernière main à son grand ouvrage sur l'Espagne, Dozy tenait, pour faire suite à ses publications de textes, à publier cette sorte d'encyclopédie historique et littéraire sur l'Espagne arabe d'Al-Makkari. En 1852, sur sa proposition, une association littéraire fut conclue entre lui et MM. W. Wright, L. Krehl et Gustave Dugat, pour la publication de ce texte arabe qui parut en 1855-1861 ; Leyde, Brill, in-4°, 4 parties, 2 tomes, CCIX (introduction de M. G. Dugat) et 1,876 pages.

24. La partie de M. Dozy parut en 1858.

C'est ici que nous avons à parler de l'ouvrage capital de notre orientaliste.

25. *Histoire des Musulmans d'Espagne* jusqu'à la conquête de l'Andalousie par les Almoravides, de 711 à 1110 ; Leyde, Brill, 4 vol. in-8, VIII et 1,460 pages, 1861.

Dozy, pour composer cette histoire, a eu à sa disposition presque tous les ouvrages manuscrits relatifs à l'histoire des Maures qui se trouvent en Europe. Il explique dans sa préface la manière qu'il a adoptée et qui rappelle celle de Michelet et de Quinet : « Je me suis efforcé, dit-il, de présenter dans le plus grand détail les circonstances qui me semblaient caractériser le mieux les époques que je traitais, et je n'ai pas craint d'entremêler parfois aux drames de la vie publique les faits intimes ; car je suis de ceux qui pensent que souvent on oublie trop ces couleurs passagères, ces accessoires curieux, ces scènes de mœurs sans lesquelles la grande histoire est pâle et sans saveur. »

Il a tenu parole, et dans maints chapitres il excelle à

nous présenter des détails de mœurs d'un intérêt saisissant, et qui caractérisent bien une époque et la font vivre, marcher devant nous.

Pour bien comprendre l'histoire des Musulmans d'Espagne, il faut connaître celle des tribus de l'Arabie à l'époque de Mahomet et des califes Omeyyades d'Orient. Aussi Dozy, dans son premier volume, qui porte pour titre : *Les Guerres civiles*, nous trace à grands traits le caractère arabe, nous fait assister à la naissance de l'islamisme et aux luttes qui commencèrent à la mort de Mahomet et se prolongèrent, entre les descendants de diverses tribus arabes, jusque sur le sol de la Péninsule.

Dans le second volume, qu'il intitule : *les Chrétiens et les Renégats*, il peint, d'un pinceau alerte et vif, le tableau de l'Espagne au temps des Romains et des Visigoths, et arrive ensuite à l'invasion des Musulmans et à leur histoire qu'il poursuit en suivant à peu près l'ordre chronologique.

Le troisième volume, *le Califat*, contient, entre autres règnes, ceux d'Abderame III, de Hacam, et surtout une intéressante et très-neuve histoire du célèbre Almanzor (Ibn-abi-Amir).

Le quatrième volume, *les Petits Souverains*, commence à la mort de Hicham III (1036), au moment où le royaume arabe se décompose et tombe par morceaux entre les mains de généraux berbers, slaves et de quelques familles nobles. Córdoue et Séville se constituent en républiques. C'est dans ce volume que se trouve l'histoire attachante des Benou-Abbâd de Séville, que Dozy avait étudiée dans un autre ouvrage. Nous y voyons la vie brillante et douloureuse aussi de Motamid, dernier né de cette nombreuse famille de princes poëtes de l'Andalousie. Le livre de Dozy se termine là, au moment où les Almoravides arrivent en Espagne.

Nous ne pouvons donner qu'une très-faible idée de cet important ouvrage, qui nous fait connaître pour la première fois l'Espagne musulmane telle qu'elle a été, suivant les récits des écrivains originaux. Tout en approuvant la mise en scène un peu dramatique de quelques portions de cet ouvrage, nous ferons certaine réserve quant à la méthode que Dozy a adoptée. Ainsi nous ne voyons pas distinctement cette ordonnance intérieure qui classe à leur rang, sans jamais s'accuser, jusqu'aux derniers détails de la composition, et qui fait que d'un coup d'œil on embrasse l'ensemble, c'est-à-dire la notion génératrice et ses développements. Nous aurions préféré une exposition plus didactique, un ordre plus rigoureux dans le tracé de cet édifice. C'était peut-être le cas de faire pour les Arabes d'Espagne une histoire critique, comme M. Caussin de Perceval l'a fait pour les Arabes avant Mahomet. Mais je m'arrête dans ces observations, car il y a tant à louer dans l'œuvre de Dozy, que je ne veux pas m'exposer à lui entendre dire : Ces Français, on ne peut jamais les contenter !

Il s'en faut que Dozy ait dit le dernier mot sur l'histoire des Arabes d'Espagne; mais il a fait tout ce qu'on pouvait avec les éléments dont nous disposons à l'heure qu'il est. Un jour il y aura à reprendre cette histoire et à la pousser beaucoup plus loin. On sait que l'historien arabe, Ibn-Haiân, a composé sur l'Espagne un ouvrage en 70 volumes dont nous n'avons en Europe qu'un seul et quelques fragments. Cet historien est le plus exact, le plus complet, le mieux doué du sens historique, parmi les Arabes qui ont écrit sur l'Espagne. Nous laisserons donc, dans cet ordre de recherches, des tâches assez rudes à nos successeurs des xxe et xxie siècles.

Dans l'année où paraissait cette histoire des Musulmans d'Espagne, 1861, Dozy publia dans le *Gids* :

26. *L'Autriche et l'Espagne vis-à-vis de la Révolution française*, à l'occasion des livres de MM. de Sybel, Herrmann et Baumgarten. Il se servit, pour ce travail, de dépêches secrètes et inédites du secrétaire d'ambassade hollandais à Madrid, J. Aubert, puisées dans les archives du royaume. — Il fit insérer un article plus court sur le livre de M. Baumgarten dans la *Revue historique* de M. de Sybel.

27. Article sur *Descripcion del reino de Grenada bajo la dominacion de los Nascritas, sacada de los autores arabes, y seguida del texto inedito de Mohammed ibn Aljathib,* par Simonnet; inséré dans le journal de la Société orientale de l'Allemagne, 1862, p. 580 et suiv. Dans cet écrit, il

s'est surtout attaché à corriger le texte de cet opuscule d'Ibn-al-Khatib, publié d'après un seul manuscrit de l'Escurial. Plus tard, il a eu la satisfaction de voir presque toutes ses conjectures confirmées par deux autres manuscrits de la même collection, dont M. J. Müller, de Munich, a donné la collation dans ses *Beiträge*.

Un éditeur hollandais, M. Kruseman, ayant l'intention de publier une histoire des principales religions, s'adressa à Dozy, et lui proposa de se charger de l'islamisme. Il y consentit et composa :

28. *Histoire de l'Islamisme*, depuis Mahomet jusqu'à ce jour, 1863.

Il n'y a pas donné beaucoup de choses nouvelles, ce livre étant destiné au grand public et non aux savants ; mais c'est la première histoire de ce genre qui ait été écrite.

Ce livre donna naissance à un autre ouvrage :

29. *Les Israélites à la Mecque*, 1864.

Cet ouvrage est, selon les uns, le meilleur, et, selon d'autres, le plus mauvais de tous ceux qu'il ait faits. Aucun livre ne lui a valu autant de louanges, surtout en Hollande, et autant de critiques amères, surtout de la part des Juifs allemands.

30. *George Forster*, à propos du livre de M. Klein, dans le *Gids*, 1863.

31. *La Folie du Tasse*, à l'occasion du livre de M. Victor Cherbuliez : « Le prince Vitale. » (Id., 1864.)

32. *La Misère de la France sous Louis XIV*, à l'occasion du livre de M. Bonnemère : *La France sous Louis XIV* (Id., 1865).

33. *Sur le voyage en Espagne* de M. Keller (Id., 1865).

Nous avons vu la carrière de Dozy commencer par la lexicologie avec son *Dictionnaire des vêtements chez les Arabes*. Arrivé à la maturité de son âge, il semble abandonner les études historiques pour revenir aux attraits de sa jeunesse : les recherches lexicographiques.

34. *Géographie d'Edrisi*, texte arabe, publiée avec la collaboration de M. de Goeje, avec traduction, notes et glossaire, 1866. Le glossaire est un morceau important de cette publication.

35. *Oosterlingen*, liste explicative des mots néerlandais, dérivés de l'arabe, de l'hébreu, du chaldéen, du persan et du turc, 1867.

36. *Les Cordouans*, Arib Ibn-Saïd, le secrétaire, et Rabi-Ibn-Saïd, l'évêque; dans le journal de la Société orientale allemande, 1866, p. 595 et suiv.

37. Examen de l'ouvrage de M. J. Müller : « *Beiträge zur Geschichte der weslichen Araber*, » 1re livraison (Id., 1866, p. 614 et suiv.).

38. *Glossaire des mots espagnols et portugais dérivés de l'arabe*, nouvelle édition du livre de M. Engelmann : c'est un ouvrage nouveau. Brill, Leyde, 1869, in-8°, 424 pages.

Dans la préface, Dozy parle d'un projet de livre dont il

s'occupe. C'est une refonte du livre de Pedro de Alcala, *Vocabulista aravigo*. M. Engelmann avait commencé ce travail qu'il a laissé inachevé en partant pour Java. « J'ai cru devoir reprendre moi-même cette tâche, dit Dozy [1]. J'en avais fait, il y a bien longtemps, à peu près la troisième partie, et je l'ai terminée il y a trois ans ; mais, au lieu de me borner à donner une nouvelle édition d'Alcala, je crois mieux faire de publier toutes mes notes lexicographiques, qui formeront un supplément aux dictionnaires arabes, et qui concerneront principalement les dialectes de l'Espagne et du nord de l'Afrique. Je ne puis pas encore préciser l'époque où ce travail verra le jour, car il me reste plusieurs livres à dépouiller ; mais j'y consacre tout le temps que j'ai à ma disposition. »

Nous avons donc à attendre encore de beaux travaux de la plume de Dozy. Ses recherches lexicographiques seront d'une grande utilité pour le *Thesaurus arabe* que nos petits-neveux prépareront pour les labeurs nouveaux des siècles futurs.

39. Compte-rendu de la traduction des Prolégomènes d'Ibn khaldoun par M. de Slane. Cet article de plus de 80 pages en petit texte, a les proportions d'un mémoire. C'est une étude approfondie, magistrale de cet important ouvrage. *Jour. Asiat.*, août, septembre, 1869.

Dozy n'a pas été étranger à l'enseignement des lan-

1. Préface, p. 11, note.

gues orientales à Leyde. Il a souvent fait des cours d'arabe. Ses principaux disciples sont MM. de Goeje et Engelmann. Depuis la mort de M. Juynboll, en 1861, et jusqu'à la nomination de M. de Goeje, en 1867, il a fait, à la demande des curateurs de l'Université, les cours ordinaires d'arabe, de syriaque et de chaldéen.

Il est commandeur de l'ordre de Charles III d'Espagne, correspondant de l'Institut de France et de l'Académie d'histoire de Madrid, associé étranger de la Société asiatique de Paris, etc.

Certes, voilà une vie bien remplie, sans compter ce que l'avenir attend encore de lui; car il est à un âge où il peut dire : Quand j'étais jeune, il y a trois jours de cela ! Il a à peine 48 ans.

Dozy a une merveilleuse faculté pour apprendre les langues. Il écrit en latin, en français, en allemand, en anglais, en espagnol, en portugais, et même en hollandais, comme s'il était né sous six ou sept latitudes différentes. Il connaît la plupart des langues sémitiques, et compte parmi les arabisants les plus habiles. Weijers lui a légué son amour de l'exactitude, de la précision ; aussi le voyons-nous, quand il s'est trompé dans un livre, se corriger avec empressement dans un autre, et mettre une ardeur extrême à devancer la critique. Quand il peut rectifier une de ses erreurs, avec quel plaisir il s'écrie : Heureusement que je m'en suis aperçu avant les autres !

Dans ses *Recherches sur l'histoire d'Espagne*, il a rendu

un vrai service à la science en prouvant qu'il fallait faire bien peu de cas des travaux historiques qui avaient pour base le livre de Conde. Peut-être a-t-il manqué d'un peu de générosité à l'égard d'écrivains qui n'étaient pas préparés aussi solidement que lui ; il a poussé la franchise jusqu'à l'imprudence. On lui a reproché d'avoir attaqué avec trop d'âpreté ce qui avait été fait avant lui sur l'Espagne. Il faut, toutefois, lui tenir compte de ce qu'à cette époque il pouvait ne pas bien sentir toutes les nuances de notre langue, dont il se servait. Pour qui le connaît, cette âpreté est bien loin d'être dans son caractère, et ceux qui ont eu des relations suivies avez Dozy savent quelle bonne et loyale nature il y a en lui, et quel charme on éprouve à son commerce, tant il y a de solidité et de variété dans son instruction.

Son histoire des Musulmans d'Espagne, dont le style est parfaitement correct et d'une vivacité toute française, nous le fait voir bon historien, artiste et philosophe. Il n'était pas aisé de présenter quelques aperçus généraux sur l'organisation sociale de l'Espagne arabe ; car c'est une histoire née d'hier et un sujet si neuf, si peu fouillé !

Enfin, dans ses recherches lexicographiques, il montre un coup d'œil sûr, net, et son érudition, qui est des plus vastes, en fait un des continuateurs du célèbre Quatremère, un digne descendant des Schultens.

EASTWICK

Eastwick (Edward-Backhouse), orientaliste anglais, né à Warfield dans le Berkshire, en Angleterre, le 13 mars 1814, d'une famille qui résida longtemps dans l'Essex, fut élevé à l'école de Charterhouse sous le docteur Russell, et au collége de Merton à Oxford.

Après de brillantes études dans ces établissements, il arriva, en 1836, à Bombay comme cadet d'infanterie. En 1837, il fut reçu le premier parmi les candidats, comme interprète d'hindoustani et d'hindi, et proposé au commandant en chef pour un avancement inusité. Nommé interprète pour le marathi et le persan, il fut attaché à l'artillerie à cheval à Punah; promu quartier-maître au bataillon de marine, puis adjudant, en 1839 il devint agent politique adjoint dans le Kathiawâd; il exerça le même emploi dans le Haut-Sindh, fut chargé du trésor de Shikarpur et de plusieurs centaines de prisonniers de Biluch, au nombre desquels se trouvaient les célèbres chefs Bijar-Khan et Bibarak-Bugti. En 1841, il devient interprète pour le gujarati; accompagne en 1842, sir Henry Pottinger à Nankin, et arrive à Calcutta apportant une lettre à lord Ellenborough annonçant la paix faite avec les Chinois. Cette même année, il passe interprète pour le kanarese et reçoit la récompense de 1,000 roupies accordée aux interprètes pour cinq langues. Une dépêche, en date du 25 octobre 1843, émanée de la Cour des directeurs du gouvernement de Bombay, portait ces mots : « Nous avons une grande satisfaction à vous autoriser à offrir à M. Eastwick un don de 1,000 roupies, comme une marque de notre contentement de l'avoir vu passer un examen satisfaisant en kanarese; c'est la cinquième langue pour laquelle il est accrédité. »

En 1845, il fut nommé professeur d'hindoustani et de telegu dans le collége de la Compagnie des Indes, à Haileybury, et en 1850 bibliothécaire du collége de cette Compagnie. En 1851, il fut élu *fellow* (membre) de la Société royale de la Grande-Bretagne. Il avait l'année précédente reçu la lettre suivante du colonel Sabine, relative à sa présentation : « C'était le témoignage le plus complet qu'on pouvait donner à un homme d'une renommée fondée sur un savoir éminent. Dans une Société instituée spécialement pour l'avancement des connaissances humaines, ayant un choix limité de candidats, la plus grande majorité des membres devait être élue pour faits de science. On a considéré que vous et le major Rawlinson ayant étudié si près l'un de l'autre le même terrain, il était désirable que l'un des deux fût choisi cette année et l'autre la suivante; et sans discuter vos mérites respectifs, la grande popularité des recherches récentes du mator Rawlinson, et le désir de lui donner la bienvenue à son retour, ont été les seules raisons pour lui accorder la priorité. J'espère que vous maintiendrez votre candidature pour l'année prochaine. »

Nommé secrétaire adjoint dans le *Secret Departement of the India office*, en 1859, il fut ensuite appelé en cette qualité au *Political Departement.* « Depuis que je vous connais dans le ministère, lui écrivait en 1863 sir G. Clerk, j'ai puisé dans nos relations la connaissance de votre habileté, de votre intégrité, de votre rectitude de jugement en toute matière, ce qui me donne l'assurance de votre valeur comme fonctionnaire public. »

En 1860, il devint secrétaire de légation à la cour de Perse. Il remplit plusieurs missions spéciales dans les provinces Caspiennes en 1861 et dans le Khoraçan en 1862. Pendant quelques mois, en 1862 et 1863, étant chargé d'affaires à la cour de Perse, il négocia le traité[1] par lequel le gouvernement persan se charge de construire une ligne télégraphique des frontières de la Perse, près Bagdad, jusqu'à l'Inde, aux frais de la Perse, et placée sous le con-

1. *Voy.* la correspondance relative à ce traité, présentée à la Chambre des Communes, 15 février 1864.

trôle d'officiers anglais. La négociation de cette concession avait été conduite par sir C. Wood et M. Alison, pendant dix-huit mois, et avait entièrement échoué. Le gouvernement anglais était sur le point d'offrir des sommes importantes pour obtenir les avantages qui furent accordés, sans bourse délier, à M. Eastwick, par le Shah, comme un témoignage de sa bienveillance, et à cette occasion il lui donna une tabatière en or ornée de brillants.

Eastwick avait rendu dans cette circonstance un grand service à son pays, aussi reçut-il des lettres du colonel P. Stewart qui lui laissaient tout l'honneur de cette importante convention. Le 20 juillet 1863, ce haut fonctionnaire lui écrivait :

« En réponse à votre note de cette date, j'ai beaucoup de plaisir à reconnaître que la convention en vertu de laquelle nous pouvons contrôler et diriger la construction du télégraphe persan projeté entre Khanakein et Bushire, a été conçue et amenée à bonne fin entièrement par vous-même. Il ne peut y avoir aucun doute sur l'importance, sur la haute portée de cette convention, et j'espère que par ce moyen nous serons grandement en état d'augmenter nos futures communications avec l'Inde. »

C'est une lettre qui fait honneur à Eastwick, et en même temps à l'administration anglaise, qui laisse à ses agents le mérite de leurs actes. En France, les services rendus sont le plus souvent méconnus, effacés, noyés dans le courant des affaires ; les ministres, les chefs supérieurs se parent des travaux de leurs inférieurs. Il faut peut-être chercher là la cause du manque de ressort, d'initiative qu'on remarque dans les rangs dé la hiérarchie administrative, et surtout de ce découragement, de cette inertie dans lesquels tombent les administrateurs français. Ils disent : *A quoi bon?*

Eastwick revint en Angleterre en mai 1863.

Voilà le côté militant de la carrière de cet orientaliste; passons à ses publications :

1. Report of the Revenues of Khairpur Sindh (Blue book), p. 279, 292, 1840.

Ce document contient des détails sur les émirs et le territoire de Khairpur et sur le Sindh.

2. Translation of the persian *Kissah i Sanjân*, or « History of the Parsis in India. » (Bombay, Asiatic Society's Transactions; 1843, avril.)

3. Translation of the persian *Zartasht Namah*, or « Life of Zoroaster, » published in Dr Wilson's « Parsi Religion ». Janvier 1843.

4. *Sindhi Vocabulary*, lithographed by Bombay government. Reprinted in « Transactions of Bengal Asiatic Society ». 1843, vol. XII-I.

5. *Note on cities of Allore and Rohri*, in Upper Sindh; Bombay Asiatic Society's Transactions ; avril 1843.

6. Translation of Schiller's *Revolt of the Netherlands* (Abfall der Vereinigten Niederlande); Francfort, 1844. Republished in Bohn's « Standard library ; » London, 1846.

7. Translation of *Bopp's Comparative Grammar* of the Indo-Germanic family of languages. 3 vol. in-8, 1845; seconde édition, février 1854.

Bopp écrivait à Eastwick, le 11 juin 1846 : « Je trouve vôtre traduction très-claire, et rendant très-exactement le sens de l'original. » De son côté, Max. Müller lui écrivait : « J'ai souvent comparé votre traduction avec l'original, et je suis certain qu'il y a peu de livres traduits en anglais avec autant de soin que le vôtre. »

8. *Hindustani Grammar*, 1847; 2e édition, 1858.

9. *Dry Leaves from Young Egypt*. 1849; 2e édition, 1850; 3e, 1851.

10. New edition of the *Gulistan*, with a vocabulary, of the persian text. 1849.

11. New edition, with vocabulary, of the Hindi text of the Prem Sagar. 1851.

12. Translation of the Prem Sagar. 1851.

13. Memoir of Pir Ibrahim Khân. 1852.

14. Translation of the Bagh o Bahar, 1852.

15. Reply to professor Forbes's strictures thereon. 1852. Au sujet de l'ouvrage ci-dessus.

16. Translation, in prose and verse, of the *Gulistan*. 1852.

17. Catalogue of the Ouseley manuscrits, in the Bodleian Library. 1852.

18. Translation of the *Anvari Sohaili*, dedicated by permission to her Majesty. Hertford, 1854.

19. *Autobiography of Lutfullah*, translated into french

and german, and republished in the Tauchnitz edition of « Standard Authors ». 1857.

20. En 1857, il publia, à Hertford, *Khirad-Afroz*, by Moulvi Hafizud-din. A new edition of the hindoustani text in-4° xv et 331 p.

21. *Articles*, North-West Provinces, Oudh, Persia, Panjab, and Sindh, in the 8th edition of the Encyclopædia Britannica. 1858.

22. *The Book of Genesis*, in the Dakhani language, edited for the Bible Society. 1858.

23. *Handbook for India*, for Mr Murray. The Madras and Bombay Presidencies. 1858.

24. Report on the Commerce of Persia, published in n° 5, of « Reports of Her Majesty's Secretaries of Embassy and Legation ». 1861.

25. *Report on the trade of Khoraçan*, published in n° 6 of Reports of Her Majesty's, etc. 1863.

26. *Journal of a Diplomate*. 1864.

Eastwick est membre des Sociétés asiatique et géographique de Bombay, des Sociétés asiatiques d'Angleterre, de France et d'Allemagne, honoraire de la Société littéraire de Madras, des Sociétés philologique et des Antiquaires de Londres. Il a été admis à l'Atheneum-Club, comme auteur en même temps que sir Henry Bulwer et sir David Brewster.

Cet orientaliste a donné des preuves de sa profonde connaissance des langues hindoustani et autres dialectes de l'Inde, du persan, etc. Dans ses fonctions en Orient il a rendu de grands services à son pays, grâce aux études pratiques qu'il avait faites de nombreux idiomes. Ce sera un honneur pour lui d'avoir contribué à établir sur le vieux sol de la Perse nos moyens électriques de communication. L'introduction de nos découvertes en Orient doit changer l'aspect de ces contrées pour ainsi dire abandonnées.

FLEISCHER

Fleischer (Heinrich Leberecht, en gréco-latin Orthobius), orientaliste allemand, est né en 1801, le 21 février, à Schandau, petite ville frontière du royaume de Saxe vers la Bohême. En 1814 il entra au collége de Bautzen pour y faire ses premières études. De 1819 à 1824, il étudia la théologie à Leipzig, ainsi que les langues orientales, vers lesquelles il fut attiré de bonne heure.

En 1824, il se rendit à Paris pour suivre l'enseignement de S. de Sacy et faire des recherches dans la Bibliothèque royale, si riche en manuscrits orientaux. Plus tard, pour se perfectionner dans la connaissance de l'arabe parlé, il suivit le cours de M. Caussin de Perceval, et fréquenta, dans un but d'étude, les jeunes Égyptiens que Mohammed Ali avait envoyés à Paris pour leur instruction européenne. Dans l'automne de 1828, il quitta Paris. De retour en Allemagne, il obtint en 1831 une place de professeur à la *Kreuzschule* de Dresde. En 1835, il se disposait à se rendre à Saint-Pétersbourg, où on lui offrait une chaire de persan à l'Université et une place d'adjoint à l'Académie pour les antiquités et la littérature orientale, quand il apprit la mort de Rosenmüller qui laissait vacante la place de professeur de langues orientales à Leipzig. Il accepta avec empressement cette chaire, qu'il occupe encore aujourd'hui.

La carrière de ce savant orientaliste a été remplie surtout par un enseignement d'une haute valeur, et des travaux considérables comme membre de la Société orientale allemande et membre ordinaire de la Société royale des lettres et sciences de la Saxe.

Comme professeur de langues orientales, il s'efforça, avant tout, de fixer son enseignement dans un cadre limité et chercha à détruire, pour sa chaire de Leipzig, cette vieille prétention des Universités allemandes d'embrasser non-seulement les langues asiatiques vivantes et mortes, mais encore l'exégèse de l'Ancien Testament. Cependant, pour ne pas rompre trop brusquement avec la coutume, il expliqua dans les premières années de son cours quelques livres de la Bible; mais dans la suite il se borna à ses cours d'arabe, de persan et de turc. Le gouvernement ne goûta pas, d'abord, cette innovation; mais il parvint à lui en démontrer la nécessité, et il obtint la création de deux nouvelles chaires: celle des langues de l'Asie orientale, occupée par M. Brockhaus, et celle de l'exégèse de l'Ancien Testament, par M. Tuch.

L'enseignement de Fleischer a été fécond : il suffit de citer les noms de ses élèves les plus distingués, devenus pour la plupart des maîtres : le docteur Caspari, professeur en théologie à l'Université de Christiania ; le docteur Wetzstein, consul de Prusse à Damas ; le docteur Rosen, consul de Prusse à Jérusalem ; le docteur Spiegel, professeur de langues orientales à Erlangue ; le docteur Goldenthal, professeur de langues orientales à Vienne ; le docteur Mehren, professeur de langues sémitiques à Copenhague ; le docteur Sorensen, à Kiel ; le docteur Graf, professeur au collége de Meissen ; le docteur Wolff, prédicateur de la commune juive à Calm, en Prusse ; le docteur Dieterici, professeur d'arabe à Berlin ; le docteur Krehl, professeur de langues orientales à Leipzig ; le docteur Behrnauer, secrétaire à la Bibliothèque de Dresde ; M. Ralfs, étudiant à Leipzig.

La renommée de Fleischer, comme professeur, s'étendit au loin ; et, en 1860, le gouvernement de Prusse lui offrit la place de professeur des langues arabe, persane et turque à l'Université de Berlin ; mais il préféra rester à Leipzig, et on donna cette place au savant Rodiger.

Les études orientales en Allemagne, qui n'ont commencé à devenir sérieuses que par l'enseignement des orientalistes formés à la grande école de Paris, manquaient dans ce pays d'un centre où les efforts des orientalistes allemands pussent se grouper.

En 1844, Fleischer présida à Dresde la première assemblée d'orientalistes allemands, réunie à l'assemblée annuelle des philologues, et publia, en 1845, un rapport (1) sur ce congrès, dans lequel il proposa la fondation d'une Société orientale en Allemagne (idée qui fut adoptée). La deuxième assemblée, tenue à Darmstadt en 1845, fonda, le 2 octobre, conformément aux résolutions prises à Dresde, la Société orientale d'Allemagne. Cette Société fut administrée par un comité-directeur composé de deux membres résidant à Halle en Prusse, et de deux autres membres à Leipzig en Saxe. Comme membre de ce comité, Fleischer rédigea et publia les deux premiers rapports annuels (2) et les deux premiers tomes du Journal de la dite Société (3). Il fit les rapports littéraires pour les cinq premières années de la Société (4). Outre des notices bibliographiques, des extraits de lettres, des articles de circons-

1. 1 Verhandlungen der ersten Versammlung deutscher und auslandischer Orientalisten in Dresden, 1844; Leipzig, Engelmann, 1845, in-4°.

2. 2 Jahresbericht der deutschen morgenländischen Gesellschaft für das Jahr 1845. Leipzig, en commission chez Brockhaus, 1846. Et Jahresbericht, etc., fur das Jahr 1846; Leipzig, 1847, in-8°.

3. 3 Zeitschrift der deutschen morgenländischen Gesellschaft, Bd. I; Leipzig, en commission chez Brockhaus, 1847; et Bd. II, Leipzig, 1848, in-8°.

4. 4 Jahresbericht für das Jahr 1846, p. 67-146, *Zeitschrift*, Bd. II, p. 447-491; Bd. IV, p. 72-82, p. 434-503.

tance, des additions aux travaux d'autres collaborateurs, il a publié dans le *Zeitschrift*, etc., un grand nombre de mémoires, de traductions, de notes, d'articles sur des sujets divers. Nous recommandons à l'attention des orientalistes ces œuvres de Fleischer qu'on pourrait appeler ses *opera minora*, mais qui portent toutes un cachet de perfection. Nous croyons leur être utile en en donnant une liste complète.

5. Ueber einen griechisch-arabischen Codex rescriptus der Leipziger Universitats-Bibliothek, *Zeitschrift*, Bd. I, p. 148-160.

6. Ueber das syrische Farstenhaus der Benû-Schihâb, *Id.*, Bd. V, p. 46-59.

7. Literarisches aus Beirût. *Id.*, p. 96-103.

8. Eine neuarabische Kaside von Fâris Esh-Shidiâk, *Id.*, p. 249-257.

J'ai moi-même publié le texte de ce poëme du Cheikh Farès, avec une traduction en vers et des notes. 1851.

9. Zur Geographie und Statistik de nordlichien Libanon. Bd. VI, p. 98-106, et p. 388-398.

10. Michael meschâka's Culturstatistik von Damaskus. *Id.* Bd. VIII, p. 346 374.

11. Die *Refaïya*. *Id.*, p. 574-584.

12. Beschreibung der von prof. Tischendorf im Jahre 1853 aus dem morgelande Zurückgebrachsen christlich-arabischen Handschriften. *Id.*, p. 584 587.

13. Eine türkische Inschrift in Galizien. *Id.*, p. 587-589.

14. Briefwechsel Zwischen den Anfuhrern Wahabiten un ddem Pascha von Damaskus. 1857. *Id.* Bd. II, p. 427-443.

15. Neuarabische Volkslieder. *Id., id.*, p. 663-688.

16. Abu Zaid's Buch der Seltenheiten 1858. Bd. XII, p. 57-81.

17. Ankündigung der neuen arabischen Zeitung « Hadîkat al-achbâr ». *Id., id.*, p. 330-333.

18. Arabische Inschriften. 1859, Bd. XIII p. 261-272; 1860, Bd. XIV, p. 343.

19. Vermischtes (Mélanges). 1861. *Id.* Bd. XV, p. 381-387; 1865. *Id.* Bd. XIX, p. 308-314.

20. Ueber die farbigen Lichterscheinungen der Sufi's. 1862. *Id.* Bd. XVI, p. 235-241.

21. Eine türkische Badeinschrift in Ofen. 1863. *Id.* Bd. XVII, p. 362-364.

22. Zur Geschichte der arabischen Schrift. 1864, Bd. XVIII, p. 288-291.

23. Indisch arabisches aus Magreb. 1864. Bd. XVIII, p. 329-340.

24. Abdelkader's Wallfahrtsgedicht. 1864. *Id.* Bd. XVIII, p. 615-620.

25. Persische Klingeninschrift. *Id., id.*, p. 628-629.

26. Ueber das arabische Reim â. 1866. *Id.* Bd. XX, p. 611-612.

27. Ergänzungen und Berichtigungen. *Id., id.*, p. 612-613.

Voilà les divers écrits de Fleischer insérés dans le journal de la Société orientale d'Allemagne.

Mais ce fut en qualité de membre ordinaire de la Société royale des Lettres et des Sciences de Saxe, fondée en 1846 à Leipzig, qu'il déploya une grande activité de travail, et publia ses recherches et études sur une foule de sujets et en particulier sur la grammaire arabe. Il a donné dans les *Rapports* sur les travaux de cette compagnie[1] les articles suivants ;

28. Ueber den türkischen Valksroman Sireti Seyid Batthâl, *Berichte* aus dem J. 1848, p. 35-41 et p. 150-169.

29. Ueber das vorbedeutende Gliederzucken bei den morgenländern, *Berichte* der philologisch Histor. Classe 1849, p. 244-256.

30. Ueber das türkische chatâï-nâme. *Id.*, 1851, p. 317-327.

31. Ueber Thaalibi's arabische Synonymik mit einem Vorwort über arabische Lexikographie. *Id.*, 1854, p. I-14.

32. Ueber das Verhältniss und die Construction der Sach-und Stoffworter im Arabischen. *Id.* 1856, p. I-14.

33. Beiträge zur Wiederherstellung der Verse in Abulmahasin's Annalen. 1857, Bd. IX, p. 87-111.

34. Ueber die Culturbestrebungen in Beirut und die

1. Berichte über die Verhandlungen der Königlich Sachsischen Gesellschaft der Wissenschaften.

dortige arabische Zeitung « Hadikat Al-achbâr ». 1859, Bd. XI, p. I-24, p. 153-175.

35. Ueber einige Arten der nominalapposition im Arabischen. 1862, Bd. XIV, p. 10-66.

36. Beiträge zur arabischen Sprachkunde. 1863, Bd. XV, p. 93-176; 1864, Bd, XVI, p. 265-326; 1866, Bd. XIII p. 286-342.

L'importance de ce dernier travail, quoiqu'il ne soit pas encore achevé, nous oblige à entrer à ce sujet dans quelques détails qui pourront intéresser les arabisants.

Dans le premier volume de mon *Histoire des orientalistes*[1], je disais, dans la notice que j'ai consacrée à mon ancien maître, M. Reinaud : « Il entretenait quelquefois » ses élèves de son intention de publier un appendice à » la grammaire arabe de S. de Sacy, sorte de complé- » ment sur des points nouveaux ou incomplétement dé- » veloppés dans les travaux du grand orentaliste. Il » serait intéressant de publier les notes de M. Reinaud, » si l'on parvenait à les réunir. »

Pendant que j'écrivais ces lignes, Fleischer poursuivait à Leipzig la publication de ses Mémoires dans les « *Berichte ueber die verhandlungen der Koniglich Sachsischen Gesellschaft Wissenschften* », sur la grammaire arabe de S. de Sacy. Je vais, en l'abrégeant, retracer le commencement de son premier Mémoire, pour mieux faire connaître le but qu'il se propose.

1. P. 190.

« Depuis la publication de la deuxième édition de la grammaire arabe de S. de Sacy [1], dit-il, Paris, 1831, les matériaux pour un remaniement de ce travail fondamental se sont tellement accrus, qu'une complète transformation de cet ouvrage devient indispensable et qu'on doit s'étonner avec raison qu'une troisième édition se fasse attendre encore, d'autant plus que peu après la mort de notre maître (1838) des déclarations dans ce sens, faites par M. le professeur Reinaud, avaient éveillé des espérances que personne en France ne pouvait satisfaire mieux que lui. Toutefois le remaniement de la grammaire de S. de Sacy ne saurait être qu'une transformation complète, pour satisfaire aux exigences du présent. On devra notamment fonder une doctrine solide et homogène avec les principes épars qui touchent à la syntaxe. De plus, les progrès de la science grammaticale arabe ne peuvent résulter que de la comparaison et de l'examen minutieux des grammairiens orientaux, suivant leurs différentes écoles, et d'une recherche attentive du matériel grammatical. Je me range donc à l'avis d'une nouvelle édition de la grammaire arabe de S. de Sacy. »

Partant de là, Fleischer s'est mis à l'œuvre, et dans trois longs mémoires, il a déjà commencé la révision d'une partie de cette grammaire. Dans ce travail il passe

1. Voy. *Beitrage zur arabischen Sprachkunde*, 1853. Bd. XV de Rapports de l'Académie de Saxe, p. 93.

en revue tous les endroits qui lui paraissent fautifs ou qui n'ont pas été expliqués avec assez de développement. Il a recours bien souvent, pour appuyer ses rectifications, aux ouvrages des grammairiens orientaux. Jusqu'à présent son travail ne va qu'à la moitié du Ier volume de la grammaire de S. de Sacy. Nous ne pouvons qu'applaudir à l'œuvre de Fleischer et l'encourager à continuer une étude si difficile: car c'est surtout lui qui excelle à débrouiller un point obscur de grammaire. Il rendra un bien grand service à tous ceux qui s'occupent de la langue arabe.

En dehors des études grammaticales et des recherches lexicographiques qui forment une des parties les plus importantes des travaux de Fleischer, sa carrière d'orientaliste a été consacrée aussi à la publication de textes arabes et à la révision d'autres textes édités par d'autres orientalistes. Il a publié :

37. *Historia anteislamica* d'Aboul-Féda, texte arabe, traduction et notes, Leipzig, 1831.

38. *Beidhawii Commentarius in Coranum*, ex Codd. Parisiensibus Dresdensibus et Lipsiensibus, ed. indicibusque instr. vol. I et II. Lipsiæ, Vogel, 1846-1848, in-4°.

Le commentaire de Beidhawi sur le Coran méritait, à cause de sa célébrité, d'être publié. Cet ouvrage a été lui-même commenté par plusieurs savants et a servi de texte à un grand nombre de gloses. Beidhawi était persan, de la secte des Schiites. Né à Beidha, ville près de Chiraz et d'où lui vient son nom, il exerça la charge de cadhi dans plusieurs villes de la Perse. On a de lui un livre historique sur les rois qui ont régné dans l'Iran, et un traité abrégé de métaphysique ou de théologie scolastique, science que les Arabes nomment *Kélam*. Il mourut à la fin du XIIIe siècle. Son Commentaire du Coran, mine de recherches grammaticales et de traditions musulmanes, n'est pas facile à comprendre; il était indispensable de trouver un éditeur consciencieux et maître de son sujet comme Fleischer. Pour publier un bon texte arabe d'un auteur difficile comme Beidhawi, et sur une matière aussi abrupte qu'un commentaire du Coran, il faut connaître à fond toutes les délicatesses de la grammaire, l'histoire antéislamique, la poésie, la théologie, la philosophie, les mœurs du peuple arabe, etc. Quand on pense à toutes les difficultés qu'il y a à vaincre, on doit s'étonner de voir des Européens arriver à cette certitude, cette perfection que nous trouvons dans l'œuvre de Fleischer. On peut dire qu'il connaît le Coran mieux que Mahomet : aussi le succès de son livre a été grand, et il a acquis une immense popularité parmi les mollahs des provinces musulmanes de la Russie.

Nous connaissons deux commentaires du Coran, plus simples, plus clairs que celui de Beidhawi : celui de Soyouthi, dont s'aidait M. Caussin de Perceval à son célèbre cours du Coran au Collége de France, et celui d'El-Khâzin, qui a une certaine réputation chez les Arabes d'Afrique. Il ne serait pas inutile de publier un de ces deux commentaires pour servir de contrôle à celui de Beidhawi.

La publication de Fleischer sera complète par les *Index*. C'est une dette dont il se serait acquitté depuis longtemps, sans les occupations multipliées dans lesquelles il a toujours été engagé par sa position de professeur, de membre du conseil de la Société orientale d'Allemagne et de correspondant d'un très-grand nombre de collègues, d'amis et d'anciens élèves.

39. *Tausend und eine Nacht*, arabisch. Nach einer Handschrift aus Tunis herausgegeben von Dr M. Habicht, vol. I. Breslau, Max et Cie 1825, in-12, jusqu'au VIIIe, Breslau, 1838. Le professeur Habicht mourut en 1839 et Fleischer termina cette édition par les tomes IX, X, XI et XII. Breslau, F. Hirt, 1842 et 1843. Les préfaces de ces quatre tomes se rapportent au contenu, au langage, à la critique et à l'explication des *Mille et une Nuits*.

Il a donné des notes sur l'édition d'Al-Makkari par MM. Dozy, Dugat, Krehl et Wright, publiées dans les additions et corrections. I, p. CII-CXLVI, et II, p. V-LXIII.

Depuis que ces notes ont été ajoutées à la fin de notre édition d'Al-Makkari, Fleischer a publié de nouvelles corrections à y faire dans deux articles insérés dans les *Rapports* ou comptes rendus sur les séances de la classe philologique et historique de la Société des sciences de Saxe, tome XIX, année 1867, p. 151 à 220, et tome XX, année 1868, p. 236 à 309.

Un troisième article doit traiter de la partie que j'ai publiée. Ensuite Fleischer reprendra, dans le même recueil, ses travaux sur la grammaire arabe.

Le *Lexicon geographicum*, édité par M. Juynboll, contient des notes de Fleischer dans les tomes IV, V et VI. Il a fourni aussi quelques remarques à M. Amari pour sa *Biblioteca arabo-sicula*; à M. Wüstenfeld pour son édition de l'*Histoire de la Mecque* par Cotbeddin; à M. Chwolson, pour son ouvrage sur les Sabéens et le Sabéisme, et sur le reste de la littérature ancienne des Babyloniens, etc.

Des textes arabes importants auront beaucoup gagné à passer sous les yeux pénétrants de Fleischer, et ce n'est pas un mince honneur pour lui d'avoir amélioré dans quelques détails les œuvres d'orientalistes qui ont déjà conquis eux-mêmes une place remarquable dans la science.

La bibliographie orientale lui doit plusieurs publications :

40. Catalogus codicum manuscriptorum orientalium bibliothecæ regiæ Dresdensis. Leipzig, 1831.

41. Catalogus lib. mss. qui in Bibliotheca senatoria civitatis Lipsiensis asservantur. Edit. A. G. R. Naumann. Grimæ, 1838, in-4° ; terminé par Fleischer par la troisième partie, 331 à 536 : Codices arabici, persici, turcici.

Il nous reste à mentionner les ouvrages suivants, qui

n'ont pas trouvé place dans les divisions précédentes :

42. *Samachschari's Goldenen Halsbandern* (Les Colliers d'or de Zamakhschari), traduction allemande. Leipzig, 1835. Dans ce travail, Fleischer eut à examiner une traduction de M. de Hammer du même ouvrage, et il en fit une critique sévère. Une polémique avec ce savant s'en suivit : elle dura plusieurs années. M. Gustave Weil a aussi donné une traduction de cet ouvrage en 1836.[1]

43. Ali's hundert Sprüche arabisch und persisch paraphrasirt von Watwat. Leipzig, 1837.

44. Eloge de S. de Sacy, en tête de l'*Endimion studiosi* de M. Caspari. Leipzig, 1838.

45. Grammatik der lebenden persischen sprache von Mirza Mohammed Ibrahim, aus dem Englischen ubersetzt, und zum Theil umgearbeitet und mit Aumerkungen versehen. Leipzig, Brockaus et Avenarius, 1847, in-8°.

C'est une traduction en allemand de la grammaire de persan vulgaire de Mirza Mohammed, et à laquelle Fleischer a ajouté d'utiles corrections.

Voilà toute la série des œuvres de Fleischer ; nous croyons en avoir donné une liste exacte et complète, à l'exception peut-être de quelques récents articles de critique insérés dans le journal de la Société orientale allemande.

Les titres honorifiques de Fleischer sont : chevalier de

1. Voy. *Histoire des Orientalistes*, t. I, p. 44.

l'ordre saxon d'Albert (Albrechtoorden), 1855 ; de l'ordre russe de Saint-Stanislas, deuxième classe; de l'ordre turc du Medjidié, quatrième classe, 1858; de l'ordre bavarois du roi Maximilien, pour les sciences et les arts ; de l'ordre prussien pour le mérite (classe des lettres), et officier de l'ordre de la Couronne d'Italie.

En 1859, il a été élu secrétaire de la classe de philologie et d'histoire de la Société des lettres et des sciences de Saxe, place qu'il occupe encore.

Les académies et sociétés savantes qui l'ont mis au nombre de leurs membres associés correspondants ou honoraires sont celles-ci : l'Académie des lettres et des sciences de Munich, en 1848; la Société siro-égyptienne à Londres, en 1845 ; l'Académie de Saint-Pétersbourg, en 1849, et l'Université de la même ville en 1860; l'Académie de Berlin en 1851; l'Académie d'Amsterdam en 1855, et la Société asiatique de Paris en 1854. La faculté de théologie de l'Université de Kœnigsberg le nomma docteur honoraire de théologie en 1844, et la faculté de philosophie de l'Université de Prague, membre honoraire en 1849; l'une et l'autre nominations à l'occasion du jubilé desdites Universités. En 1861, l'Académie des Inscriptions et Belles-Lettres de France l'élut correspondant à la place de M. Freytag, et, en 1867, membre associé étranger, suprême honneur que l'Institut de France n'accorde qu'à un nombre restreint de savants.

Maintenant, si nous cherchions les côtés faibles de cette

longue carrière d'orientaliste, il nous serait bien difficile de signaler des fautes de détail dans ces travaux achevés, où l'on sent que l'ouvrier est maître de l'instrument qu'il manie. Il sait fouiller dans les recoins de l'œuvre qu'il traite avec la sûreté de main des grands artistes. Ses qualités dominantes sont l'exactitude, la sagacité, la pénétration dans l'interprétation des textes; il sait *caver* un sujet. Allant toujours au fond des choses, ne se contentant jamais d'à peu près, abordant de front les difficultés, ne les éludant pas, ne glissant pas sur un point douteux. En somme, il a le cachet du vrai savant qui cherche à se rendre compte de tout.

Si nous ne pouvons guère le trouver en défaut dans les détails, voyons si dans l'ensemble de ses travaux, tel que nous le connaissons maintenant, nous ne trouverons pas quelque endroit à attaquer, puisqu'il faut toujours un peu de critique pour contenter les esprits chagrins. Nous avons vu dans l'œuvre de Fleischer beaucoup de notes, observations, corrections, additions, rectifications, enfin une immensité de détails sur la langue arabe et sa grammaire. Nous aurions voulu qu'il pût appliquer ses puissantes facultés d'analyse à une œuvre doctrinale de grammaire arabe. Il aurait pu nous donner l'œuvre synthétique d'un grand grammairien arabe en entier accompagnée d'un commentaire. La grammaire philosophique de la langue arabe est encore a faire. Nul mieux que lui n'était préparé pour ce labeur ; car il a disséminé, en vrai prodigue, dans une foule de travaux, des observations grammaticales d'un haut prix. Mais peut-être pense-t-il que, pour une œuvre magistrale comme celle dont je parle, les travaux d'analyse ne sont pas encore assez avancés.

Quoi qu'il en soit, comme il fait une revue, presque une refonte de la grammaire de S. de Sacy, nous aurons du moins, à défaut de cette œuvre complète, ses gloses précieuses, et si la troisième édition se faisait sous sa direction, nous posséderions là un ensemble très-précieux pour nos études.

Fleischer a atteint la perfection dans le travail oriental. On voit qu'il s'est inspiré de deux grands maîtres, S. de Sacy, Caussin de Perceval, ces deux types purs, achevés, de l'orientalisme français. Il représente admirablement les qualités de l'un et de l'autre. Parmi les arabisants de l'Europe, Fleischer occupe le premier rang. Gloire à l'Allemagne, qui a produit un homme de cette valeur!

FLUGEL.

Flugel (Gustave Leberecht), orientaliste allemand, né, le 18 février 1802, à Bautzen, dans la Haute-Lusace, en Saxe, d'une famille ancienne et considérée, fit ses premières études au gymnase de sa ville natale, sous le recteur Siebelis, éditeur du *Pausanias*. En 1821, il se rendit à Leipzig, dans cette université célèbre qui a produit tant d'hommes remarquables dans les sciences et les lettres; il y étudia la théologie, la philosophie sous le professeur Krug, et les langues orientales sous la direction de Rosenmüller, Winer et Winzer, jusqu'en 1824.

A cette époque, il accompagna, dans leur tournée en Allemagne, deux jeunes comtes, Zur Lippe Biesterfeld-Weissenfeld, qui résidaient dans leur château de Baruth, près de Bautzen. En 1827, il prit congé de ces deux comtes, qui sont toujours restés ses amis, pour se rendre à Vienne et y étudier les manuscrits orientaux de la Bibliothèque Impériale et ceux de M. Hammer-Purgstall. Il y resta jusqu'en 1829. Pendant ces deux ans, il fit des excursions dans la Hongrie et dans la Styrie. Il passa, dans un but d'études, trois mois à Munich, deux mois à Berlin, quelque temps à la bibliothèque de Walssenbüttel, près de Brunswick, à Hanovre, Gottingue, Cassel, Francfort, etc.

A la fin de septembre 1829, il arriva à Paris et se mit à suivre les cours d'arabe et de persan au Collége de France, et à l'École spéciale des langues orientales les leçons de Sylvestre de Sacy. Il travailla beaucoup aux manuscrits de la Bibliothèque Impériale.

Rentré en Saxe en 1830, il séjourna à Dresde, et en 1832 devint professeur au collége royal de Meissen (Fürstenschule Saint-Afra). En 1838, il fit un voyage en Silésie, et, en 1839, il s'arrêta plusieurs mois à Paris pour y collationner quelques manuscrits orientaux à la Bibliothèque. Il revint par la Suisse et Munich, et, en 1840, se rendit à Vienne. A la suite d'une longue maladie, il résigna ses fonctions de professeur. En 1850, il fit un long voyage à Munich, Salzbourg, Vienne, et resta assez longtemps en Styrie, auprès de M. de Hammer, à son château de Hainfeld. Peu après, il fut chargé de faire le catalogue des manuscrits orientaux de la Bibliothèque Impériale de Vienne, pendant les mois d'été des années 1851, 1852 et 1854. Ce catalogue est achevé. En 1855, il quitta Meissen pour s'installer à Dresde.

Voici la série de ses travaux :

1. Mehrsache Beiträge in die von Theodor Hell redigirte Dresdner Abend-Zeitung, 1827, 1829.

2. *Der vertraute Gefahrte des Einsamen* (le Compagnon familier des solitaires) von Abu Manssur Abdu'l-Melik Ben Mohammed Ben Ismaïl Etthalabi aus Nisabur. In- 4°, Vienne, 1829. Cè fut M. de Hammer qui l'engagea à publier, avec une traduction allemande, cette anthologie arabe de Thalabi.

3. Catalog der arabischen, persischen, türkischen, syrischen und æthiopischen Handschriften auf der Hof-und Staatsbibliothek zu München. Inséré dans le *Anzeige-Blatt* de Vienne. Band. XLVII, p. 1-46.

4. Sojuti's Leben und Schriften. *Anz.-Bl.*, Bd. LVIII, p. 25-40 ; Bd. LIX, p. 20-36 ; Bd. LX, p. 9-29.

5. Die neuen Erwerbungen orientalischer Handschriften auf der Bibliothek zu Paris. *Anz.-Bl.* Bd. XC, p. I-16; XCI, p. 1-9 ; XCII, p. 34-60.

6. Zuschrift an S. Exc. den Hrn. Grafen Moritz Dietrichstein. Die neu erworbenen orient. Handschriften der K. K. Bibliothek zu Wien. *Anz.-Bl.* Bd. XCVII, p. 1-31 ; Bd. C, p. 1-31.

7. En outre; Einzelne Beiträge Z. B. Selbstcritik zu Tseâlebi.

8. *Geschichte der Araber*. 3 vol. in-8° ; Dresde et Leipzig, 1832, 1838, 1840.

9. *Corani textus arabicus*, 1re édit., in-4°. Leipzig, 1834;

2e édit. 1842, 3e édit. 1858, in 4°. Cette publication fait partie de la collection des stéréotypes du libraire Tauchnitz, de Leipzig.

10. Concordantiæ Corani arabicæ, in-4°. Leipzig, 1842.

Ouvrage très-utile, au moyen duquel, si on se rappelle un seul mot du passage du Coran qu'on cherche, on peut retrouver le passage entier.

11. Dissertatio de arabicis scriptorum græcorum interpretibus, in-4°. Meissen, 1841.

12. Definitiones Sejjidi Sherif Ali Ben Mohammed Dschordschani, in-8°. Leipzig, 1845, XXXVIII et 356 pages.

Le *Livre des définitions* de Djordjani est un complément pour les dictionnaires arabes. On y trouve les mots usités dans le langage des soufis, et en général la terminologie philosophique. Il a ajouté à ce livre un petit ouvrage d'Ibn-Arabi, mystique du IIIe siècle ; dans lequel on trouve deux cents définitions de termes dont se servent les soufis.

13. Lexicon Bibliographicum et Encyclopædicum a Mustafa Ben Abdallah Katib Jelebi dicto et nomine Haji Khalfa celebrato.

Texte, traduction et index publiés aux frais de l'*Oriental translation committee* de Londres. 1835-1858, 7 vol. in-4°.

C'est une des publications les plus importantes et les plus considérables de notre époque, et qui fait le plus grand honneur à Flügel. Il y a sans doute quelques erreurs de détail à relever ; mais n'était-ce pas inévitable dans une masse colossale de titres d'ouvrages et de renseignements les plus divers. Hadji-Khalfa était un savant de Constantinople du commencement du XVIIe siècle de notre ère ; il a composé plusieurs ouvrages, mais aucun n'est comparable à son *Dictionnaire Bibliographique*, monument d'un immense savoir. Il a réuni les titres de quinze mille ouvrages arabes, persans et turcs, mais surtout arabes. Il a dû les voir lui-même tous ou presque tous ; car il indique le titre, les mots du commencement et de la fin, donne quelques détails sur la vie de l'auteur, fait connaître le contenu ou les divisions principales. Il a dû faire de nombreuses recherches, beaucoup de voyages pour se procurer tous ces renseignements. Ces ouvrages existaient il y a deux siècles, par conséquent ils se retrouveront, parce que, depuis ce temps, il n'y a pas eu de grandes destructions de manuscrits, comme celles qui eurent lieu dans les guerres des Mongols, surtout à la prise de Bagdad par Holagou.

Flügel a eu le courage d'entreprendre une œuvre aussi importante et l'honneur de l'avoir achevée. Il ne lui a pas fallu moins de treize années de travail. Après avoir collationné les manuscrits de Vienne, de Paris et de Berlin, il s'aida de tous les secours que pouvaient lui fournir les travaux des savants et les manuscrits des bibliothèques publiques pour rétablir les titres et les noms propres qui, dans un ouvrage de ce genre, souffrent toujours de la négligence ou de l'ignorance des copistes, et il parvint ainsi à rédiger son texte, qu'il rendit ensuite en latin, en traduisant tous les titres des livres.

Les six premiers volumes comprennent le Dictionnaire de Hadji-Khalfa; mais il était indispensable de les faire suivre d'un index d'auteurs et d'une liste alphabétique des ouvrages cités en dehors de leur ordre naturel. Flügel a ajouté à ces tables un commentaire fort ample, contenant des variantes, des corrections et des notes ; enfin, il a complété son travail par les catalogues de vingt-six bibliothèques publiques de Constantinople, de Damas, du Caire, de Rhodes et d'Alep, contenant environ vingt-quatre mille titres de manuscrits, mais sans autre indication.

Le *Comité des traductions de Londres*, qui a eu la hardiesse de publier cet ouvrage, s'est acquis des titres à la reconnaissance du monde savant.

Ce Dictionnaire est loin d'être complet. On est pris de vertige, quand on jette les yeux sur toutes les productions historiques, littéraires, philosophiques, scientifiques de cette race islamique, si admirablement organisée pour les travaux de l'esprit.

14. *Al-Kindi*, genannt « der Philosoph der Araber » Ein Vorbid seiner zeit und seines Volkes. 1857.

15. Umfassende Beiträge in die Hallesche Encyclopædie von Ersch und Gruber Z. B. orientalische literatur und studien, Osmaniches Reich, Hippocrates, etc., etc.

16. Beiträge in das *Conversations-Lexicon von Brockhaus;* in *Brzoska's Zeitschrift*, in Fleischer's Abulfeda die Biographie von Ibn el-cufti ; in *Journal of the American*

oriental Society, mehrsache Aufsätze und Recensionen in der *Zeitschrift* der deut. morg. Ges. im Repertorium von Gersdorf, in den Allgemeinen Literatur-Zeitungen von Halle, Iena und Leipzig, im *Dresdner Journal*, etc.

17. *Die classen der hanefitischen Rechtsgelehren*. Leipzig, 1860, in-8°; 92 pages.

18. Die Krone der Lebensbeschreibungen, enthaltend die classe der Hanefiten von zeïn ad-din Kasim Ibn-Kutlubuga. Leipzig, 1862, in-8° (XVI et 192 pages).

Ce volume contient le texte arabe des biographies des jurisconsultes hanéfites, et fait partie des Mémoires que la Société orientale allemande publie à côté de son journal.

19. *Mani, seine Lehre und seine Schriften*. Leipzig, 1862, in-8° (VIII et 440 pages), texte arabe, traduction et commentaires.

C'est un extrait du *Fihrist*, encyclopédie littéraire arabe dont Flügel publie une édition. « Tout le monde sait, dit M. Mohl[1], que nous ne connaissons Manès que par ses antagonistes, et qu'il reste bien des doutes sur sa vie et ses doctrines. M. Flügel a retrouvé dans le *Fihrist* des renseignements qui, évidemment, proviennent de sources manichéennes. Ce n'est pas une vie, ni un exposé de la doctrine de Manès ; ce sont des matériaux nouveaux et très-curieux à ajouter à ceux que contiennent

1. Rapport à la Société asiatique de 1853.

les Pères de l'Église; mais l'auteur traite néanmoins dans son commentaire, de toutes les parties importantes du sujet, discute en détail une foule de points, et entre dans la critique des documents fournis par les Pères. C'est un secours tout à fait inattendu que reçoit l'histoire ecclésiastique, et l'auteur a mis en évidence, avec une impartialité et un savoir rares, tout le parti qu'on peut en tirer. »

20. *Die Grammatischen Schulen der Araber.* Erste Abtheilung. Die Schulen von Basra, und Kufa, und die gemischten Schulen. Leipzig, 1862, in-8° (xii et 265 pages).

Cette première partie sur les écoles des grammairiens arabes n'est pas un travail de grammaire, mais d'histoire littéraire. « La grammaire, dit M. Mohl[1], était devenue l'objet des études et de la préoccupation des Arabes, aussitôt que les conquêtes des premiers khalifes les eurent mis en contact avec des peuples étrangers, auxquels ils imposaient le Coran. Aussi les grandes écoles grammaticales se formèrent-elles dans les villes fondées par les khalifes sur les limites des pays qui parlaient l'arabe : à Koufa, à Basra, et, plus tard, à Bagdad. L'importance qu'on apportait naturellement à l'interprétation du Coran, l'ambition des lettrés de conserver et d'imiter la langue du désert, et le désir des musulmans d'autres

1. Rapport à la Société asiatique de 1863.

races d'écrire correctement l'arabe, donnèrent aux études grammaticales sous le khalifat une importance qu'elles n'ont jamais eue nulle autre part. Il devint presque nécessaire pour tout homme qui voulait se distinguer comme poëte, comme jurisconsulte ou comme théologien, de débuter par un traité grammatical pour justifier de ses études savantes. La liste des grammairiens arabes embrasse donc une grande partie des hommes les plus distingués dans toutes les branches du savoir, et l'ouvrage de M. Flügel est une contribution à l'histoire littéraire des Arabes, bien plus considérable que le titre ne paraît promettre. L'auteur traite, dans cette première partie, des écoles de Basra et de Koufa et des écoles mixtes; il en donne l'histoire, avec la liste des savants qui en ont fait partie, et la biographie plus ou moins détaillée des plus distingués d'entre eux. Son but est de fournir des matériaux pour une histoire future de la littérature arabe, et il nous donne un véritable modèle de la manière dont ce sujet doit être traité. »

21. Die arabischen, persischen und türkischen Handschriften der Kais. Kœnig. Hof biblioteck zu Wien, 3 vol. grand in-4°, 1,990 pages. Vienne, 1865-1867.

Flügel est chevalier de l'ordre saxon d'Albert, docteur en philosophie, licencié en théologie, membre correspondant des Académies de Turin et de Vienne, membre de la Société orientale allemande de Halle et de Leipzig, associé étranger de la Société asiatique de Paris, correspondant de celle de Londres, de celle de Boston, membre du Atterthumsverein du royaume de Saxe, membre honoraire des Oberlansitzer Prediger-Vereins zu Leipzig, etc. Le choix de ces nombreuses Académies et Sociétés prouve l'estime dont jouissent les travaux de Flügel.

Ce savant orientaliste a rendu d'éminents services aux études asiatiques, surtout en ce qui concerne la langue et le peuple arabes. Ses publications bibliographiques ont ouvert aux travailleurs des mines de renseignements utiles. Son nom brille parmi les arabisants les plus instruits et les plus laborieux.

JUYNBOLL.

Juynboll (Théodore-Guillaume-Jean), orientaliste hollandais, né à Rotterdam, le 6 avril 1802, mort en 1861, fit ses premières études dans sa ville natale et à La Haye, puis vint à l'Université de Leyde y compléter son instruction sous les professeurs célèbres : Van der Palm, Hamaker, et Weijers, dont il était l'ami intime.

Destiné à l'état ecclésiastique, sa première étude fut la théologie. En 1826, il fut nommé pasteur au village de Voochout, près de Leyde; en 1831, professeur de langues orientales à l'Athénée de Franeker, en Frise; en 1841, il professa les mêmes langues à l'Université de Groningue, et en 1845, succéda à Weijers, dans sa chaire de langues orientales à l'Université de Leyde. Il était en même temps chargé des fonctions d'interprète (Legati Warneriani interpres). Elles consistent à être conservateur de manuscrits orientaux, et, en cette qualité, à aider les personnes qui en font usage. Il est obligé de donner son avis au gouvernement sur des questions ou correspondances orientales et de surveiller la publication des ouvrages orientaux, pour laquelle le gouvernement affecte annuellement 600 florins de Hollande.

Il a publié les ouvrages suivants :

1. *De Amoso*, dissertation qui lui valut le titre de docteur en théologie. Leyde, Luchlin, 1826, in-4°.

2. *Oratio inauguralis* de hodierna studii linguar. orient. conditione habita, 22 junii 1821. Dans les *Annales Acad. Groninganæ;* an. 1831-1832.

3. *Oratio rectoralis* de Henrico Arentio Hamakero. Dans les *Ann. Acad. Gron.*; an. 1835-1836.

4. *Letterkundige Bydragen.* I et II fasc. Leyde, Luchlin, 1838. Le premier fascicule renferme quelques observations sur l'orthographe de la langue hébraïque et les inscriptions phéniciennes; le second, une description d'un manuscrit hébreu de la Bibliothèque de Franeker, contenant les quatre Évangiles; des observations sur l'histoire littéraire des versions arabes du Nouveau Testament. Le troisième fascicule, publié en 1840, est relatif à la condition de l'Asie centrale et principalement de l'Inde après Alexandre le Grand, jusqu'aux invasions des Musulmans dans l'Inde.

5. *Orientalia.* Recueil qu'il publia avec Roorda, Weijers, J. Müller, etc. Dans le tome Ier, il inséra : *Carmen*

Motenabbii, cum duplici commen. arab. latinâ versione et annotatione, p. 191-294, 1840; dans le tome II : *Commentatio* de versione arabico-samaritanâ, et de scholiis, quæ codicibus Pariss. n° 2 et 4 adscripta sunt, p. 113-157, 1846.

Cet excellent recueil, les *Orientalia*, n'a eu que deux volumes. C'est à regretter pour la science orientale.

6. *Sermo de Henrico Engelino Weijers*, die 1. apr. 1844, ad discipulos habita. Gron. in-8°, 1844.

7. *Oratio inauguralis* de præcipuis progressibus, quos litteræ semiticæ hoc ipso decennio fecerunt, habita 21 jun. 1845. Leyde, Hazenberg, in-8°.

8. Commentarii in historiam gentis samaritanæ. Leyde, Luchlin, in-4°, 1846 (XII-169 pages).

Juynboll a réuni dans cet écrit tout ce que nous savons de l'histoire de cette tribu samaritaine qui joue un si grand rôle dans la Bible, mais qui paraît destinée à s'éteindre de nos jours, après avoir, grâce à son obscurité, résisté à la domination de tant de maîtres étrangers et hostiles. « Lorsqu'on découvrit, dit M. Mohl [1], du temps de Scaliger, qu'il se conservait, parmi les survivants de cette nation, non-seulement une version de la Bible dans l'idiome samaritain, mais aussi des ouvrages historiques, on conçut naturellement l'espoir d'y trouver des renseignements importants, et pour ainsi dire un supplément

1. Rapport de 1848, p. 36 du tirage à part.

à l'Ancien Testament. Cependant, au fur et à mesure qu'on connut mieux ces chroniques, on s'aperçut qu'elles étaient relativement modernes, qu'elles reposaient presque entièrement sur des traditions populaires, qui elles-mêmes n'étaient qu'un reflet de la Bible, et qu'on ne pouvait en tirer qu'un petit nombre de faits nouveaux. »

9. *Chronicon samaritanum, cui titulus est: Liber Josue.* Leyde, Luchlin, in-4°, 1848 (XII-369 et 55 pages).

Les observations qu'on vient de lire s'appliquent également à cette chronique samaritaine du Livre de Josué, que Juynboll a publiée pour la première fois. Il existe encore une chronique samaritaine qui porte le titre d'*Annales d'Aboulfatha*, et qu'a publiée M. Ed. Vilmar en 1865; Gotha.

10. *Lexicon geographicum* cui titulus est : *Merâcid El-ittila*, texte arabe, 3 vol. in 8°; 1850-1854. Introduction, version latine, commentaire et index. Il n'a paru que deux volumes de ce dernier travail, 1859, in-8° (CVIII et 588 pages) (1862, in-8° XII et 632 pages).

Le *Merâcid El-ittila* est l'abrégé du grand dictionnaire géographique de Iakout. Dans son introduction, Juynboll discute l'origine du livre et le nom de l'auteur. Le reste de ce volume contient un commentaire perpétuel du texte, composé de rectifications ou de justifications de leçons admises dans l'édition, de notes plus ou moins détaillées sur des points nombreux, et de renvois à d'autres ouvrages qui traitent des mêmes noms géographiques ou historiques. M. Fleischer a ajouté des notes rectificatives au texte.

11. *Oratio rectoralis* de codicum orient. qui in Acad. Lugd. Bat. servantur, Bibliot. L. B. Brill, in-8°, 1854.

12. *Abu'l-Mahâsin Annales*, quibus titulus est : *Ennodjoum Ez-Zâhira*... etc., en collaboration avec B. Matthes, t. I, pars I; Leyde, 1852, in-8° (54-360; pars II (54-434); t. II, pars I, 1857 (102 et 494 pages). La fin du vol. II a été publiée en 1861.

Abou'l-Mahâsin, personnage du xv° siècle, ami de Makrizi, auquel il a survécu, est auteur de cette chronique sur l'Egypte musulmane. L'édition de ces annales devait comprendre 12 volumes, dont le premier va jusqu'à l'année 254 de l'Hégire (de J.-C. 867).

Ce livre est précieux : on y trouve dans leur ordre chronologique une grande masse de faits relatifs à une province bien importante de l'empire arabe; mais sa véritable valeur historique ne se montre que dans la partie qui traite des temps postérieurs, où l'auteur fournit des renseignements qui lui sont propres. Juynboll avait annoncé une traduction de l'ouvrage, quand le texte serait complet; mais la mort lui a arraché la plume des mains.

Sous ses auspices et avec sa collaboration ont été publiés les ouvrages suivants :

Avec A. Kuenen, Spec. e litteris orient., exhibens librum Geneseos, sec. arabicam Pentateuchi samarit.

versionem. Leyde, Brill, 1851, in-8°. Ensuite A. Kuenen publia seul les livres de l'Exode et du Lévitique. *Id.*, 1854;

Avec J. Anspach, Spec. e lit. or. exhibens historiam al-Walidi et Solaïmanis, sumtam ex libro *Kitab el-Oyoun*. Leyde, Brill, 1853, in-8°;

Avec M. Salverda de Grave, Spec. e litt. or. exhibens Az-Zamaksarii Lexicon geographicum, cui titulus est: *Kitab el-Djabâl*, etc. Leyde, Brill, 1856, in-8°.

Juynboll a publié dans quelques recueils périodiques de la Hollande, comme le *Gids*, un certain nombre de comptes rendus.

Le sénat académique de Groningue le nomma, en 1845, Litt. hum. Doct. et philosoph. theol. Magister; et le roi de Hollande, en 1854, membre de l'Académie royale des sciences à Amsterdam.

Les travaux de Juynboll se font remarquer par une érudition patiente, minutieuse, étendue, exubérante même. La masse de notes qui encombrent ses livres rappelle les éditions d'auteurs classiques que l'école hollandaise publiait dans le XVIIe siècle. Mais, hélas! ce soin laborieux sera-t-il bien apprécié par notre époque un peu superficielle et qui aime à travailler sans trop de fatigues sur des livres bien clairs, bien nets. Quoi qu'il en soit, les savants ouvrages de l'orientaliste hollandais prouvent que la race des Bénédictins vit encore au XIXe siècle.

MAX MULLER [1]

Müller (Maximilien), orientaliste allemand, né le 6 décembre 1823, à Dessau, capitale du duché d'Anhalt-Dessau, est le fils de Wilhelm Müller, célèbre poëte allemand. Envoyé à l'école ducale de Dessau, il s'y distingua par la vivacité de son esprit, son amour du travail et un remarquable talent pour la musique. A l'âge de douze ans, envoyé à Leipzig, il fut reçu, selon les habitudes allemandes, dans la famille d'un des professeurs, et il fit ses classes à la *Nicolaischule*, collége qui avait eu pour élève le grand promoteur de la science du langage, Leibnitz.

1. Une notice fort bien faite sur Max Müller, par M. Georges Harris, a été placée en tête du premier volume des *Nouvelles leçons sur la science du langage.* Nous avons mis à contribution ce travail pour la partie biographique de notre étude.

En 1841, ayant terminé ses études, il suivit les cours de l'Université de Leipzig et s'adonna de bonne heure à la philologie comparée en étudiant l'hébreu, l'arabe et le sanscrit sous la direction d'Herman Brockhaus. En 1843, il passa ses examens pour le doctorat.

Attiré par sa vocation particulière vers la philologie comparée, il se rendit en 1844 à Berlin, pour y suivre les leçons de Bopp et y étudier la collection des manuscrits sanscrits que le gouvernement prussien avait achetés en Angleterrre, après la mort de sir Robert Chambers, et à la sollicitation de Bunsen. Pendant son séjour en Prusse, il eut le bonheur de faire la connaissance de deux illustres savants, Alexandre de Humboldt et Bœckh, d'assister aux leçons de philosophie de Schelling et d'étudier le persan sous Rûckert.

Son séjour à Berlin fut d'une année. Sollicité par Gottfried Hermann de se fixer à Leipzig, il préféra venir à Paris en 1845, pour suivre le cours d'Eugène Burnouf au Collége de France. Il ne tarda pas à devenir un des disciples privilégiés de cet illustre maître. Burnouf l'engagea à publier le Rig-Véda, dont Rosen avait commencé à s'occuper. Il partit pour l'Angleterre, au mois de juin 1846, pour y faire ses collations de manuscrits sanscrits. En 1848, il se fixa définitivement à Oxford pour surveiller l'impression du Rig-Véda.

Dans sa séance du 25 octobre 1849, l'Institut de France accorda le prix Volney au mémoire de M. Müller, intititulé : *De la philologie comparée des langues indo-européennes dans ses rapports avec la civilisation primitive de l'humanité.* Ce mémoire est resté inédit.

En 1850, Max Müller fut nommé professeur adjoint des langues et des littératures de l'Europe moderne, et, en 1854, il succéda à son ami, M. Francis Trithen, comme titulaire de cette même chaire qu'il occupe encore. En 1858, il fut nommé *Fellow of All Souls College*, à Oxford, et membre correspondant de l'Institut de France, et en 1869, associé étranger de l'Académie des Inscriptions et Belles-Lettres. En 1865, il a été nommé conservateur des manuscrits orientaux à la Bibliothèque Bodléienne, à laquelle il était attaché depuis l'année 1856. Il est membre des principales sociétés savantes de l'Europe.

Nous aurons à étudier, autant que nos forces pourront nous le permettre, Max Müller sous le triple aspect d'écrivain, d'indianiste et de philologue. Mais avant notre faible esquisse, donnons l'énumération la plus exacte possible de ses publications, en suivant l'ordre chronologique.

1. *Hitôpadésa*, célèbre recueil de fables indiennes, traduit en allemand. Leipzig, 1844; nouvelle édition, texte dévanagari avec la transcription en caractères latins, une traduction interlinéaire et des notes grammaticales. Londres, 1064-65.

2. *Mêghadûta*, ou Nuage messager, poëme de Kâlidâsa, traduit en vers allemands. Königsberg, 1847. Ce fut avec

cette traduction, où il reproduisait de la manière la plus parfaite jusqu'au mètre de l'original, que Max. Müller gagna les bonnes grâces du célèbre et farouche auteur des *sonnets cuirassés*, Rückert, professeur de persan à Berlin.

3. *Essay on Bengalee and its relations to the Aryan languages.* Cet essai sur le bengali et ses rapports avec les langues aryennes fut lu devant l'Association britannique pour l'avancement de la science à Oxford, et publié, en 1847, dans les *Transactions of the British Association.*

4. *Le Rig-Véda*, texte sanscrit, publié à Londres; chaque tome a une préface importante:

Tome I : avec une préface où il décrit les manuscrits dont il s'est servi, 1849;

Tome II : il donne le relevé d'un grand nombre de variantes et termine cette préface par un hommage rendu à la mémoire d'Eugène Burnouf, p. LX, 1854;

Tome III : après une discussion sur l'usage qu'il faut faire du commentaire de Sâyana, il ajoute le relevé des variantes, 1856;

Tome IV : discussion d'une question astronomique (les Nakhshatras), 1862.

Ces quatre volumes contiennent 4,000 pages in-4°. Les huit premiers livres du Rig-Véda sont aujourd'hui publiés. Il reste les deux autres livres à éditer.

Le mot *Véda,* dérivé de la racine *vid*, connaître, savoir, signifie « la connaissance, la science ». Quand on dit le *Véda* ou les *Védas,* on fait à peu près la même distinction que nous établissons entre l'*Évangile* et les *Évangiles*.

Les Védas sont au nombre de quatre : le Rig-Véda, ou Véda des hymnes, ainsi nommé de la racine sanscrite qui signifie « célébrer » ; le Yadjour-Véda, ou Véda du sacrifice, divisé en Yadjour-Véda blanc et Yadjour-Véda noir, tire son nom de la racine qui signifie « sacrifier » ; le Sâma-Véda, collection de *Sâmans* ou chants ; et l'Atharva-Véda, dont le nom vient d'Atharvan, qui en est supposé un des auteurs.

Lorsqu'on parle des collections des hymnes de chaque Véda (sans les *Brâhmanas* ou traités théologiques qui appartiennent à chaque Véda), on a l'habitude de mettre après le nom du Véda le mot sanscrit *Sanhitâ*, qui signifie « recueil. » Nous avons puisé ces quelques définitions élémentaires dans la notice de M. G. Harris[1].

A la mort de Rosen, qui avait commencé la publication et la traduction du Rig-Véda, Eugène Burnouf, reconnaissant le mérite de Max. Müller, l'engagea à se charger de la publication des 1,017 hymnes de ce Véda et de l'ample commentaire de Sayana, auteur indien du XIVe siècle de notre ère.

Burnouf pensait que, pour avoir une intelligence vraie de l'histoire primitive de l'humanité et pour faire une

1. Voy. aussi sur les Védas notre notice sur Wilson, t. Ier de *l'Histoire des Orientalistes*, p. 149.

étude comparative des religions de l'Orient, la connaissance du Véda était indispensable.

Les savants d'Europe ont reconnu hautement la valeur scientifique de l'édition du Rig-Véda par Max. Müller. Une satisfaction peut-être encore plus grande était réservée au célèbre indianiste. M. Martin Haug, savant orientaliste de l'Inde, dit qu'en 1862 des savants brahmanes, au nombre de sept cents, s'étant assemblés à Pounah, avaient examiné l'édition du Rig-Véda de Max. Müller et l'avaient déclarée plus correcte et plus complète qu'aucun de leurs manuscrits qu'ils corrigèrent sur l'édition de M. Müller.

En 1856, Max. Müller entreprit à Leipzig une autre édition du Rig-Véda, sans le commentaire de Sayana, mais avec le Rig-prâti-çakhya ou traité de la phonétique et de la grammaire du Rig.

En 1869, on a publié séparément à Leipzig un volume de texte contenant le premier *mandala* (caractère dévanagari) et un autre volume pour le Pratiçakhya, la traduction de ce traité de phonétique et des notes.

5. *Cours de philologie comparée. Revue d'Edimbourg*, octobre 1851.

6. *An Essay on Indian Logic*, publié dans *Thomson's Laws thougt.* London, 1853.

7. *Proposals for a missionary alphabet* (Propositions pour un alphabet à l'usage des missionnaires), London, 1854.

8. *Suggestions on learning the languages of the seat of war in the East* (Conseils pour apprendre les langues du

théâtre de la guerre en Orient). London, 1854. Une deuxième édition considérablement augmentée, parut l'année suivante sous ce titre : *The Languages of the seat of war in the East, with a Survey of the three families of language, Semitic, Aryan and Turanian.* London, 1855.

9. *Letter to chevalier Bunsen on the classification of the Turanian languages.* 1854.

Cette lettre fut insérée par Bunsen dans le tome Ier de son *Esquisse de la philosophie de l'histoire universelle.* Voy. p. 263 à 521, (*Outlines of the philosophy of universal history.* London, 1854). Ce même ouvrage renferme d'autres travaux de Max. Müller sur le Véda, le Zend-Avesta, etc.

Dans la lettre au chevalier Bunsen, Max. Müller consigne les renseignements importants qu'il a recueillis dans les récits des voyageurs sur le langage des tribus nomades de l'Asie septentrionale et méridionale. Il rend compte du procédé agglutinatif commun à ces langues, d'ailleurs si diverses, et expose les raisons qui lui font réunir tous ces idiomes sous le nom de groupe touranien. Les idées de Max. Müller ont rencontré en Allemagne beaucoup d'opposition. Toutefois M. Pott, un de ses adversaires les plus décidés, a reconnu que cet ouvrage était le plus important qui eût été publié depuis longtemps dans le domaine de la linguistique.

10. *Essai sur la Mythologie comparée*, publié dans les *Oxford Essays*, 1847. Voy. aussi la *Revue Germanique*, de juin et juillet 1858.

Les savants J. Grimm et Kuhn avaient déjà fondé solidement la science de la mythologie comparée, et leurs découvertes avaient aidé puissamment à comprendre les croyances et les religions de l'antiquité. Max. Müller a posé les vrais principes de cette science, en a tracé la vraie méthode. Hegel appelle la découverte de l'origine commune du grec et du sanscrit, la découverte d'un nouveau monde; on peut dire la même chose de l'origine commune de la mythologie grecque et de la mythologie sanscrite. La découverte est faite et la science de la mythologie comparée aura bientôt la même importance que la philologie comparée.

11 *The german Classics, from the fourth to the nineteenth. century*. London, 1858.

Ses classiques allemands, depuis le IVe jusqu'au XIXe siècle, contiennent des pièces justificatives pour toute l'histoire littéraire de l'Allemagne. Dans la préface on trouve un aperçu du développement de la vie intellectuelle et littéraire de l'Allemagne.

12. *A History of ancient sanskrit Literature,* so far as it illutrates the primitive religion of the Brahmans. London, 1859, XIX, 607 pages. La deuxième édition a paru en 1860.

Dans cette histoire de l'ancienne littérature sanscrite, Max. Müller nous offre le résultat de ses longues années d'étude sur le Véda et sur ses commentateurs. Voici comment un savant indianiste, M. Barthélemy Saint-

Hilaire, juge ce nouvel ouvrage de Max. Müller : « Cette œuvre marquera dans les études védiques un progrès considérable ; l'auteur fixe et éclaircit une foule de questions intéressantes et douteuses, et il trace à la littérature du Véda un cadre qui, selon nous, sera définitif. Il a porté l'ordre et la lumière dans ce trésor immense et confus des monuments primitifs de la religion brahmanique, et son système repose sur des bases qui peuvent sembler inébranlables [1]. » Cet académicien a consacré à l'ouvrage de Max Müller cinq articles dans le *Journal des Savants*, des années 1860 et 1861.

13. *Lectures on the Science of Language*, delivered at the Royal Institution of Great Britain in April, May, and June, 1861. London 1861. Traduction française de MM. Georges Harris et Georges Perrot ; 2e édition revue et augmentée sur la 5e édition anglaise. Paris, Durand, 1867, XXXVI-530 pages.

Cet ouvrage, que l'Institut de France honora du prix Volney en 1862, est maintenant arrivé à sa cinquième édition en Angleterre, et la réimpression qui en a été faite en Amérique, ainsi que les traductions allemande, italienne, russe et française ont déjà eu aussi plusieurs éditions.

Ces *leçons* sont au nombre de neuf : elles traitent des

1. *Journal des Savants*, 1860, p. 457.

matières suivantes : 1° à quel ordre de sciences appartient la science du langage; 2° de la distinction à faire entre le développement du langage et l'histoire du langage; 3° période empirique; 4° période de la classification; 5° classification généalogique des langues; 6° de la grammaire comparée; 7° des éléments constitutifs du langage; 8° classification morphologique des langues; 9° période de la théorie. Origine du langage. — Appendice. Tableaux généalogiques des langues. Table analytique.

14. *Nouvelles leçons sur la science du langage.* Cours professé à l'Institution Royale de la Grande-Bretagne en 1863. Traduction française de MM. Georges Harris et Georges Perrot. 2 vol. in-8°. Paris, Durand, 1867-1868. T. I, XLIV-386 pages; t. II, 357 pages.

L'ouvrage de Max Müller est divisé en douze leçons.

Le tome Ier, consacré à la phonétique et à l'étymologie, comprend six leçons : 1° introduction; 2° le langage et la raison; 3° l'alphabet physiologique; 4° les changements phonétiques; 5° la loi de Grimm; 6° les principes de l'étymologie; table analytique.

Le tome II donne la suite des leçons : 7° de la puissance des racines; 8° la métaphore; 9° la mythologie des Grecs; 10° Jupiter le Dieu suprême des Ariens; 11° mythes de l'Aurore; 12° la mythologie moderne. Table analytique.

15. *A Sanskrit Grammar for beginners*. London, 1866, in-8°.

16. *Deutsche Liebe. Aus dem Papieren eines Fremdlings.* (Un amour allemand. Extrait des papiers d'un étranger). 2e édition, Leipzig, 1867.

C'est une nouvelle charmante.

17. *Chips from a german Workshop*, 2 vol. in-8. London, 1867, XXXIII-735 pages. (Copeaux d'un atelier allemand.)

Un jour, raconte Max. Müller dans sa préface, il y a vingt ans de cela, je fus appelé à la bibliothèque de mon vénérable ami Bunsen, à Carlton House Terrace; il m'annonça, les yeux rayonnants, que la publication du Rig-Véda était assurée. Il avait passé bien des jours à voir les directeurs de la Compagnie des Indes, à leur expliquer l'importance de cet ouvrage et la nécessité de le publier en Angleterre. A la fin, ses efforts furent couronnés de succès, les fonds étaient prêts pour imprimer mon édition du texte et du commentaire des hymnes sacrées des Brahmes, et Bunsen tenait à m'annoncer, le premier, l'heureux résultat de sa mission littéraire. — Maintenant, me dit-il, vous avez une œuvre pour la vie; c'est un immense bloc à dégrossir, à polir. Mais songez à nous donner de temps en temps quelques *copeaux* de votre atelier.

Me trouvant en Cornouailles, l'an dernier (1866), continue Max Müller, je vis des monceaux de minerai de cuivre entassés autour des mines, comme des ruines gigantesques, alors que le pauvre peuple demande du billon pour acheter du pain. Et je pensais souvent au mot de Bunsen :

— Votre œuvre n'est pas achevée, après que vous avez extrait le minerai de la mine; il faut encore le cribler, le forger, le fondre, le monnayer, pour qu'il soit d'une utilité réelle et puisse servir de nourriture intellectuelle au genre humain.

La plupart des sujets traités dans ces deux volumes sont obscurs et difficiles; mais Max Müller, pense que dans le domaine des connaissances humaines, il n'y a aucune matière qui ne puisse être élucidée, devenir intelligible, quand nous-mêmes sommes parvenus à nous en rendre maîtres par un labeur qui tend à la perfection.

« Les deux volumes que je publie, dit-il, contiennent des *Essais* sur les premières pensées de l'homme : religion, mythologie, traditions et mœurs primitives. Il n'y a pas pour mon esprit de sujet plus absorbant que d'essayer de tracer l'origine de la première éclosion de la pensée humaine, non théoriquement en suivant les lois de Hegel, ou les époques de Comte; mais historiquement, et comme un chasseur indien, épiant toute empreinte de pas, tout vestige, tout brin cassé, qui puisse parler et rendre témoignage de l'antique présence de l'homme en ses recherches et ses primitifs voyages vers la lumière et la vérité. »

Le premier volume contient : *Essays on the science of religion.*

1. *Lecture sur les Védas.* Dans son histoire de la littérature sanscrite, il a développé certains points de cet article.

2. *Christ and others masters;* compte-rendu d'un livre de M. Ch. Hardwick.

3. *The Veda and Zend-Avesta;* curieuse étude sur la race aryenne, ses migrations, son influence sur les Européens, etc., etc.

4. *The Aitareya-Brahmana;* compte-rendu de l'édition de ce livre par Martin Haug.

5. *On the Study of the Zend-Avesta in India;* à l'occasion des « Essays on the sacred language Writings; and religion of the Parsees, » par Martin Haug.

6. *Progress of Zend scholarship;* à propos de « A lecture on the original language of Zoroaster, » par Martin Haug.

7. *Genesis and the Zend-Avesta;* article sur l'*Iran* de Friedrich Spiegel.

8. *The modern Parsis;* à l'occasion du livre : « *The manners and customs of the Parsees,* » par Dadabhai Naoroji et the Parsee religion, par le même.

9. *Buddhism;* article très-important sur « *Le Bouddha et sa religion,* » par Barthélemy Saint-Hilaire.

10. *Buddhist Pilgrims;* à propos de l'ouvrage de M. Stanislas Julien : « Voyages des pèlerins bouddhis-

tes, » et « Mémoires sur les contrées occidentales. » Curieux et savant article.

11. *The meaning of Nirvana;* lettre à l'éditeur du *Times* en réponse à une critique de M. Francis Barham sur le mot *Nirvana.*

12. *Chinese translations of sanskrit texts;* à propos de la méthode pour déchiffrer et transcrire les noms sanscrits qui se rencontrent dans les livres chinois, par M. Stanislas Julien.

13. *The works of Confucius.* Compte-rendu de « *The chinese classics*, with a translation critical and exegetical notes, » par James Legge.

14. *Popol vuh;* compte-rendu des ouvrages : Popol vuh, le livre sacré et les mythes de l'antiquité américaine, avec les livres héroïques et historiques des Quichés, par l'abbé Brasseur de Bourbourg. — Et Manuscrit pictographique américain précédé, d'une notice sur l'idéographie des Peaux-Rouges, par l'abbé Domenech.

15. *Semitic Monotheism.* Compte-rendu de l'histoire générale et système comparé des langues sémitiques, par Ernest Renan; nouvelles considérations sur le caractère général des peuples sémitiques et en particulier sur leur tendance au monothéisme, par le même.

Le second volume contient : *Essais on mythology, traditions and customs.*

16. *Comparative Mythology;* très-important et curieux article. Voy. la *Revue Germanique* de juin et juillet 1858.

17. *Greek Mythology;* à l'occasion du livre : « *Griechische Gotterlehre,* » de F. G. Welcker.

18. *Greek Legends;* à propos du livre : « A manual of mythology in the form of question and answer, by the Rev. G. W. Cox. »

19. *Bellerophon.* Recherches sur l'étymologie du mot.

20· *The Norsemen in Iceland;* sur l'ouvrage « The Norsemen in Iceland » de M. G. W. Dabent.

21. *Folk-Lore.* Compte-rendu du livre Curiosities of Indo-European tradition and Folk-Lore, par W. K. Kelly.

22. *Zulu Nursery Tales*; à l'occasion du livre « Nursery Tales, traditions and histories of the Zulus, » par the Rev. Henry Callavay.

23. *Popular tales from the norse;* sur un livre de M. G. W. Dabent.

24. *Tales of the west Highlands;* sur un livre de M. J.-F. Campbell.

25. *On manners and customs;* à propos du livre « Researches into the early history of Mankind, and the developpement of civilisation, » par E. Burnet Tylor. Très-intéressante étude.

26. *Our figures*; sur un mémoire sur la propagation des chiffres indiens, par M. F. Woepke.

27. *Caste;* à propos de la publication : Original sanscrit texts on the origin and progress of the religion and institutions of India, translated by. J. Muir. La première

partie contient : The mythical and legendary accounts of Caste. C'est un important article.

Les diverses études et comptes-rendus qui font partie de ces deux volumes avaient été, pour la plupart, publiés dans les «*Edinburgh and Quarterly Reviews, Oxford Essays, Macmillan's and Fraser's Magazines, Saturday Review* et dans le *Times*.

18. *The syxth hymn of the first book of the Rig-Veda*, dans le *Journal of the Royal Asiatic Society*, mars 1868.

C'est le spécimen d'une traduction d'un choix d'hymnes du Rig-Véda, que Max. Müller se propose de publier en huit volumes dont le premier est publié, voir. ci-après.

19. *The Rig-Veda Sanhita*, translated and explained; tome Ier, contenant Hymns to the Maruts or the Storm-gods, in-8°, London, 1869.

20. *Lecture on buddhistic nihilism*, delivered before the general Meeting of the association of German philologists at Kiel, septembre 1869 : Voy. Trubner's American and Oriental literary record, octobre 1869.

Voilà la série complète des ouvrages du célèbre indianiste, sauf les articles qu'il a fournis aux journaux littéraires de l'Allemagne, et en particulier au *Journal* de Kuhn.

Quoique Max. Müller soit encore jeune et qu'il ait le temps de produire d'autres œuvres importantes, cependant, comme il a entrepris une publication de longue haleine, la traduction des hymnes choisies du Rig-Véda en huit volumes, et que d'autre part il a déjà produit des ouvrages considérables, nous pouvons dès à présent étudier dans son ensemble la carrière de ce grand érudit.

Max. Müller s'offre à nous, comme nous l'avons dit, sous un triple aspect : écrivain, indianiste et philologue.

I

Max. Müller, au milieu des labeurs et des pénibles recherches que l'érudition exige, fait toujours rappeler qu'il est fils de poëte, tant il excelle à présenter sous la forme la plus poétique et la plus séduisante la science la plus exacte et la plus austère. On se rappelle encore à Leipzig les charmantes poésies qu'il lisait dans une société de jeunes poëtes, et celles qu'il fit notamment pour célébrer le 400e anniversaire de l'invention de l'imprimerie. On a cherché à expliquer l'origine de cette alliance de qualités qui semblent presque s'exclure : l'érudition et la forme élégante du style.

« Quant à nous, dit M. G. Harris[1], après avoir suivi M. Max. Müller depuis son enfance, nous l'expliquons

1. Notice sur la vie et les ouvrages de M. Muller, p. 8.

tout naturellement. Fils de poëte, richement doué des plus heureux dons de la nature, familier depuis ses années de collége avec les grands modèles de la Grèce et de Rome, n'ayant jamais cherché d'autre délassement après de pénibles travaux que la poésie qu'il affectionnait, la perfection de la forme n'était-elle pas chez lui toute naturelle ? Et ce long commerce qu'il a eu depuis lors avec les antiques Rishis, les premiers-nés des poëtes aryens, n'a-t-il pas été bien fait pour donner à ses couleurs des teintes plus fraîches, et à ses images le charme des premiers jours ? »

Son roman intitulé : *Un amour allemand* est écrit avec un charme pénétrant. On y sent une âme neuve, ouverte aux plus belles aspirations. C'est une œuvre écrite avec une exquise délicatesse.

II

Son édition du Rig-Véda, son Histoire de l'ancienne littérature sanscrite ont placé dans un haut rang Max. Müller parmi les indianistes du XIXe siècle. On trouve chez un de ses émules, un savant indianiste aussi, M. Barthélemy Saint-Hilaire, une appréciation de Max. Müller, en ces termes, à l'occasion de l'*Histoire de la littérature sanscrite* :

« C'est le fruit de la plus vaste et de la plus difficile investigation dans des manuscrits encore bien peu connus, et de la plus rare sagacité dans des études où elle est au moins aussi nécessaire que dans toutes les autres.

« L'Histoire de l'ancienne littérature sanscrite est faite pour ajouter beaucoup à l'illustration dont est déjà entouré, à si juste titre, le nom de M. Max. Müller. Sa splendide édition du Rig-Véda aurait suffi pour le consacrer, sans parler de tant d'autres travaux; mais celui dont je viens de m'occuper est d'un ordre tellement élevé, qu'on peut douter que, d'ici à bien longtemps, personne le surpasse ou même l'égale.

« L'érudition, avec les labeurs et les pénibles recherches qu'elle exige semble exclure trop souvent ce talent éminent de style et de composition. Évidemment, il y a là une réunion bien peu commune de qualités qui d'ordinaire paraissent incompatibles; et ce sera là une distinction particulière pour M. Max. Müller, au milieu de tant d'indianistes fameux, ses émules et ses amis[1]. »

On est heureux de voir ainsi un savant, profondément versé dans la connaissance de l'Inde védique, louer Max. Müller avec cette allure franche, sincère, d'où s'éclipse tout sentiment de jalousie.

On a remarqué avec raison que personne avant Max. Müller n'a encore édité autant de textes sanscrits.

1. *Journal des Savants*, 1861, p. 59.

Nous venons de faire connaître Max. Müller comme écrivain et comme indianiste ; et à notre grand regret bien brièvement. Une tâche plus difficile nous reste à accomplir, c'est de l'étudier comme philologue.

III

Le grand ouvrage de Max. Muller sur *la science du langage*, publié en anglais, se compose d'un premier Cours fait à Londres en 1861, en un volume, et d'un second Cours en 1863, en deux volumes.

Nous allons suivre la belle traduction de MM. G. Harris et G. Perrot, qui ont présenté au public français l'œuvre de leur ami avec un soin, une exactitude et une science parfaite.

Le cadre de notre livre est trop resserré pour que nous puissions examiner dans son entier un ouvrage qui ne forme pas moins de 1200 pages. Nous devons donc nous borner à présenter quelques questions de haute philologie, traitées par Max. Müller, avec cette *maestria* qui le distingue, et qui vont nous montrer cet orientaliste sous des aspects nouveaux.

Il est temps de nous faire des idées nettes et définitives sur la marche à suivre dans l'étude de ces matières difficiles : origine du langage, étymologie, racines, classification des langues, etc., questions qui donnent prise à tant de controverses, parce que, comme Max. Müller, on ne s'est pas toujours placé au point de vue de l'observation des faits, et on n'a guère construit de système que sur l'empirisme. Nous avons divisé en dix questions l'examen et l'analyse du livre de Max. Müller. Ces dix questions, très-importantes, n'embrassent pas cependant toutes les matières de ce livre; mais au moins nous ferons connaître la pensée du célèbre philologue sur les plus graves problèmes que soulève son œuvre.

I. — LA SCIENCE DU LANGAGE FAIT PARTIE DES SCIENCES DITES NATURELLES[1].

La science du langage, dit Max. Müller, est de date très-récente, et les autres sciences, ses sœurs aînées, l'admettent à peine sur un pied d'égalité. Son nom même est encore indéterminé, et les dénominations diverses qu'elle a reçues en Angleterre, en France et en Allemagne sont si vagues et si mobiles, qu'elles ont donné lieu dans le public aux idées les plus confuses sur les sujets réels de cette nouvelle science. Nous l'entendons

1. Voy. les première et deuxième leçons de la *Science du langage* 1861. Ce que nous donnons n'en est que le résumé succinct.

appeler la *philologie comparée, l'étymologie scientifique, phonologie, glossologie;* en France, elle est connue sous le nom commode, mais un peu barbare, de *linguistique.* Max. Muller préfère la simple désignation de *science du langage.*

Dans l'histoire de la plupart des sciences, il y a une certaine uniformité. Si nous lisons des ouvrages comme l'*Histoire des sciences inductives* de Whewell, ou le *Cosmos* de Humboldt, nous trouvons que l'origine, le développement et les causes de prospérité ou d'insuccès ont été les mêmes pour presque toutes les branches des connaissances humaines. Il y a, pour chacune, trois périodes ou âges bien distincts, que nous appellerons : la période de l'empirisme, celle de la classification et celle de la théorie.

En botanique, par exemple, un homme qui a voyagé dans les contrées lointaines, qui a réuni nombre de plantes, qui en connaît les noms, l'anatomie et les propriétés médicales, n'est pas encore un botaniste, mais seulement un herboriste, un amateur des plantes. Voilà pour la période empirique.

La véritable science des plantes, comme toutes les autres, commence par le travail de la classification. La connaissance pratique des faits s'élève jusqu'à la science aussitôt que, sous la multiplicité des faits individuels, l'esprit découvre l'unité d'un système organique. Cette découverte se fait au moyen de la comparaison et de la classification : nous cessons d'étudier chaque fleur pour elle-même, et en agrandissant la sphère de nos observations, nous tâchons d'apercevoir les caractères essentiels et communs à plusieurs, sous lesquels nous pouvons fonder les groupes ou les classes naturelles. Puis nous comparons ces classes entre elles, dans leurs traits plus généraux; de nouveaux points de ressemblance ou de différence apparaissent à la vue et nous permettent de découvrir des classes de classes ou des familles.

La période *de la classification* nous conduit naturellement à la troisième et dernière, celle de la théorie ou de la métaphysique. Si l'œuvre de la classification est exécutée comme elle doit l'être, elle nous apprend que rien n'existe dans la nature comme par accident; que chaque individu appartient à une espèce, et chaque espèce à un genre; qu'il y a des lois cachées qui régissent la liberté apparente et la variété qui nous frappent dans la création.

La philologie comparée étant donc une science *de la nature*, sa méthode doit être par conséquent identique à celle qui a été suivie avec tant de succès en botanique, en géologie, en anatomie et dans les autres branches de l'étude de la nature. Pourtant, dans l'histoire des sciences physiques, nous chercherions en vain une place assignée à la philologie comparée.

Le langage, qui est le témoin vivant et parlant de toute l'histoire de notre race, n'a jamais été étudié par l'historien, ni contraint de révéler ses secrets, jusqu'à ce qu'il fût interrogé et, pour ainsi dire, rappelé à la conscience de lui-même dans ces cinquante dernières années, par le génie des Humboldt, Bopp, Grimm, Bunsen et d'autres.

Ainsi, d'après Max. Müller, la science du langage fait partie des sciences *naturelles*. Elle en a la méthode, et elle passe par les mêmes périodes : l'empirisme, la classification et la théorie. Cependant cette thèse est combattue par des philosophes qui regardent le langage comme ayant été inventé par l'esprit humain et qui voudraient le voir traiter, non comme un produit de la nature, mais comme une œuvre artificielle de l'esprit de l'homme. Ces philosophes ont fait les objections suivantes :

Première objection. Le langage est l'œuvre de l'homme. Il a été inventé par l'homme comme moyen de communiquer ses pensées, quand les regards et les gestes devinrent insuffisants, et progressivement par les générations successives il a été amené à ce degré de perfection que nous admirons dans l'idiome des Védas, de la Bible, du Koran et dans la poésie d'Homère, de Virgile, de Dante et de Shakespeare.

On peut se borner, dit Max. Müller, à répondre à cette objection, que personne n'a encore expliqué comment la discussion, qui a dû dans cette hypothèse précéder le choix de chaque mot, était possible, sans le langage lui-même.

Deuxième objection. Le langage étant sujet à changement avec le temps et différant par là de tous les autres produits de la nature, il ne doit pas être traité comme les objets des sciences naturelles.

Il y a dans cette objection, répond Max. Müller, quelque chose de fort spécieux; mais si nous y regardons de plus près, nous trouvons qu'elle repose entièrement sur une confusion de termes. Il faut distinguer entre le changement qui se fait avec le temps et entre le développement naturel. L'art, la science, la philosophie et la religion ont une histoire qui contient leurs variations et leurs progrès; le langage, comme les autres produits de la nature, n'admet que le *développement*.

Remarquons d'abord que, bien qu'il y ait dans le langage un changement continu, il n'est au pouvoir de l'homme, ni de le produire ni de l'empêcher. Autant vaudrait songer à modifier les lois qui règlent la circulation de notre sang, ou à ajouter un pouce à notre taille, qu'à changer les lois du langage ou à inventer de nouveaux mots selon notre bon plaisir.

Mais bien qu'il soit facile de montrer que le langage ne peut être changé, ni jeté dans un nouveau moule par le goût, le bon plaisir ou le génie de l'homme, il est fort difficile d'expliquer les causes du développement du langage.

Ce que nous appelons le *développement* du langage résulte de deux opérations qu'il faut distinguer soigneusement l'une de l'autre. Max, Müller nomme ces deux opérations : 1o le renouvellement dialectal, 2° l'altération phonétique.

Exemples d'altération phonétique.

Les mots *vingt* en français, *viginti* en latin, *vinsati* en sanscrit, sont le même mot. Or, la première partie du mot, *vi*, était primitivement *dvi*, signifiant *deux*. Voilà une première altération phonétique. *Ginti*, la deuxième partie de vi-ginti, est une corruption du mot qui signifie *dix*. Dix se dit en sanscrit *dasan*, d'où est dérivé *dasati*, décade. Ce *dasati* s'est réduit par la suite à *sati*, ce qui avec *vi* pour *dri*, *deux*, nous donne le sanscrit *visati* ou *vinsati*, vingt. Le latin *viginti* doit son origine à la même opération.

Voilà un exemple de ce qu'on entend par *altération phonétique*. On voit comment elle corrompt et détruit non-seulement la forme, mais la nature même des mots.

Une langue où l'altération phonétique commence à se montrer perd immédiatement ce que nous avons regardé comme le caractère le plus essentiel de toute langue, savoir que chacune de ses parties ait une signification. Les gens qui parlaient sanscrit ne savaient pas plus que *vinsati* signifiait *deux fois dix*, qu'un Français ne reconnaît dans *vingt* les restes des racines de *deux* et de *dix*. Le langage est donc dans une période nouvelle, aussitôt qu'il se laisse envahir par l'*altération phonétique*.

Nous sommes habitués à appeler ces changements l'*é*-

volution naturelle du langage; mais il serait plus exact de leur donner le nom de *dépérissement*, pour les distinguer de l'autre opération que nous avons nommée le *renouvellement dialectal*, c'est-à-dire la régénération d'une langue par ses dialectes. Nous allons trouver dans cette seconde opération un principe plus réel de développement.

Pour bien comprendre la signification de l'expression *renouvellement dialectal*, il faut commencer par bien comprendre ce que nous entendons par *dialecte*. Le langage n'a pas d'existence indépendante en soi; il existe dans l'homme, il vit en étant parlé; il meurt avec chaque mot qui est prononcé et qu'on n'entend plus. Que le langage ait jamais été mis par écrit et soit devenu l'expression d'une littérature, ce n'est là qu'un fait accidentel. Aujourd'hui encore la plupart des langues n'ont produit aucune œuvre littéraire. Chez les innombrables peuplades du centre de l'Asie, de l'Afrique, de l'Amérique et de la Polynésie, le langage existe à l'état naturel, dans une continuelle révolution; et c'est là qu'il faut aller, si nous voulons observer le développement du langage avant qu'il soit gêné et arrêté par des monuments écrits.

Les idiomes littéraires de la Grèce, de Rome et des autres nations civilisées pour lesquelles nous réservons ordinairement le nom de langues, doivent être regardés comme des formes artificielles plutôt que naturelles du langage; c'est dans les dialectes que se manifeste la vie réelle, la vie élémentaire et naturelle du langage, et malgré la tyrannie des idiomes classiques ou littéraires, le jour est encore bien éloigné où l'on verra disparaître entièrement les dialectes même de langues aussi cultivées que l'italien et le français.

Aucune langue littéraire ne peut jamais être appelée la mère d'une autre langue. Elle n'est pas le tronc de l'arbre, elle n'est réellement qu'une branche rompue et fanée qui se sépare insensiblement de la tige d'où elle était sortie. Ce n'est pas dans la littérature classique de Rome, mais dans les dialectes populaires de l'Italie, qu'il faut chercher les sources de l'italien. La langue connue sous le nom d'hindoustani, n'est pas fille du sanscrit, c'est une branche de l'idiome parlé de l'Inde sortie de la même tige d'où sortait le sanscrit au moment où il conquit son indépendance littéraire.

Il est presque impossible de nous faire une idée de l'intarissable fécondité des dialectes. Là où les langues littéraires ont stéréotypé un germe général, leurs dialectes nous en offrent cinquante ayant chacun leur nuance de signification. Si de nouvelles idées naissent et se développent par suite du progrès de la société, les dialectes fournissent immédiatement les termes nécessaires qu'ils puisent dans les trésors de leurs mots prétendus inutiles.

A parler rigoureusement, ni le mot *histoire*, ni le mot *développement* ne peuvent s'appliquer aux changements de la mobile surface de la terre. Histoire s'applique aux actions d'agents libres; *développement*, à l'expansion naturelle d'êtres organiques. Nous parlons toutefois du développement de la croûte terrestre, et quand nous parlons du *développement* du langage, ce mot exprime dans notre pensée quelque chose comme la formation successive des couches terrestres, et nullement comme le mode d'accroissement de la plante. S'il nous est permis d'appeler *développement* la modification qui se fait avec le temps par des combinaisons toujours nouvelles d'éléments donnés; qui se soustrait à l'influence d'agents libres, et peut finalement être reconnue comme le produit des forces de la nature; alors nous pourrons appliquer ce mot au langage, et nous serons autorisés à classer la philologie comparée parmi les sciences naturelles et non parmi les sciences historiques ou morales.

Quelque tronquée que soit cette analyse, dépouillée des développements que Max. Müller excelle à rendre intéressants, elle doit suffire à convaincre les vrais philologues de la vérité de la thèse peu commune que soutient Max. Müller, à savoir que la science du langage fait partie des sciences *naturelles*.

II. — DE LA CLASSIFICATION GÉNÉALOGIQUE DES LANGUES [1]

Il y a deux sortes de classification des langues : la généalogique et la morphologique. Il ne s'agit ici que de la première.

C'est, dit Max. Müller, aux travaux de Bopp, A. Schlegel, G. Humboldt, Pott, Grimm, Rask, E. Burnouf sur la langue sanscrite, qu'est due la révolution opérée dans l'étude de la philologie comparée et de la classification généalogique des langues.

En 1809, parut l'essai de Frédéric Schlegel sur *la langue et sagesse des Indiens*. De même qu'une baguette magique, cet ouvrage indiqua l'endroit où l'on devrait ouvrir une mine nouvelle, et bientôt plusieurs des premiers savants de l'époque se mirent avec ardeur à fouiller cette mine et à en arracher les trésors. Schlegel n'était pas un grand savant, mais c'était un homme de génie, et quand il s'agit de créer une science nouvelle, l'imagination du poëte y est encore plus nécessaire que l'exactitude du savant.

C'est à Francois Bopp que l'on dut, en 1816, la pre-

1. Voy. Cinquième leçon du Cours de 1861, dont nous ne donnons en quelque sorte que le squelette.

mière comparaison détaillée et vraiment scientifique qui ait été établie entre la grammaire du sanscrit et celle du grec, du latin, du persan et de l'allemand. Ce travail fut suivi d'autres essais du même savant, et en 1833 parut le premier volume de sa *grammaire comparée* du sanscrit, du zend, du grec, du latin, du lithuanien, de l'ancien slave, du gothique et de l'allemand, qui ne fut terminée que vingt ans plus tard, en 1854, et qui restera toujours la base solide et inattaquable, sur laquelle repose l'édifice de la philologie comparée.

Auguste-Guillaume Schlegel, frère de Frédéric Schlegel, exerça l'influence qu'il s'était acquise comme poëte, pour populariser en Allemagne l'étude du sanscrit.

La nouvelle science trouva bientôt un protecteur plus puissant encore dans Guillaume de Humboldt. Ses essais sur la philologie du langage attirèrent l'attention du public pendant sa vie ; et il laissa un monument plus durable de ses études dans son grand ouvrage sur la langue kawi, qui ne fut publié qu'après sa mort, en 1836.

Un autre savant à citer parmi les fondateurs de la philologie comparée, est M. Pott, dont les *Recherches étymologiques* parurent d'abord en 1833 et en 1836. (Une nouvelle édition est en cours d'impression.)

Nous ne pouvons pas oublier non plus l'œuvre vraiment colossale de Grimm, sa grammaire teutonique.

Rappelons aussi le nom d'un éminent Danois, Erasme

Rask, qui se livra à l'étude des langues du nord de l'Europe. Il partit pour la Perse et l'Inde en 1816, et fut le premier qui trouva la clef du zend, la langue du Zend-Avesta; mais il mourut avant d'avoir eu le temps de publier tous les résultats de ses savantes recherches. Il avait prouvé, toutefois, que la langue sacrée des Parsis avait de grands rapports avec la langue sacrée des brahmanes, et qu'elle avait conservé, ainsi que le sanscrit, plusieurs des formes primitives du langage indo-européen.

Ces recherches sur l'ancienne langue de la Perse furent continuées par un des plus grands savants que la France ait jamais produits, Eugène Burnouf.

Depuis les travaux de ces savants, la science du langage a fait des progrès immenses et porté des fruits vraiment merveilleux. On a pu diviser en familles le vaste règne du langage humain et dresser la table de sa classification généalogique.

Parlons d'abord de la grande famille indo-européenne ou aryenne. Elle comprend :

1° — BRANCHE TEUTONIQUE.

Max. Müller rattache les dialectes teutoniques modernes à quatre rameaux principaux : le haut-allemand, le bas-allemand, le gothique et le scandinave, lesquels, ainsi que plusieurs idiomes moins importants, ont dû se développer parallèlement dès le commencement, comme autant de variétés du langage teutonique.

2° — BRANCHE ROMANE OU NOVO-LATINE

Sans parler des dialectes locaux, nous avons à présent six modifications littéraires du latin ou plutôt de l'ancien italien. Les langues du Portugal, de l'Espagne, de la France, de l'Italie, de la Valachie et celle des Grisons de la Suisse, connue sous le nom de *romanche* ou *roumanche*. Le provençal qui est arrivé de très-bonne heure, dans les poésies des troubadours, à un haut degré de perfection littéraire, n'est plus de nos jours qu'un simple patois.

Les savants traducteurs de l'ouvrage de Max. Müller disent, dans une note à l'occasion du provençal : « Les principaux dialectes du provençal nous ont offert, dans ces derniers temps, le curieux spectacle d'une véritable renaissance littéraire, d'une floraison nouvelle aussi brillante qu'inattendue. Il suffira de citer ici deux noms que le succès d'œuvres écrites en languedocien et en provençal, a rendus célèbres, dans la France entière, Jasmin le perruquier d'Agen et Mistral, l'auteur de *Mireïo*.

Je crois que le mot de *patois* appliqué par Max. Müller à l'idiome provençal, ne lui convient pas rigoureusement. Ce n'est certes pas une langue que l'on puisse comparer, sous le rapport de la littérature, aux langues latine, française, italienne, espagnole ou portugaise. Mais cet idiome n'a jamais cessé, dans certaines proportions, d'être un dialecte littéraire. C'était une langue écrite du temps des troubadours, la seule écrite dans le pays de Provence dont la littérature s'est laissé dépasser sans doute par celle des Français, des Italiens, mais qui n'a pas cessé d'exister. La renaissance littéraire dont il est question dans la note des traducteurs, n'est pas une résurrection ; c'est une continuation, très-brillante, il est vrai, de son ancienne littérature, mais qui n'offre rien de nouveau que le génie exceptionnel de nos modernes poëtes provençaux, qui en se servant de leur vieux dialecte, n'en ont du reste modifié ni le fond, ni la forme, ni les mots, ni la grammaire.

3°. — BRANCHE HELLÉNIQUE.

Son histoire nous est bien connue depuis le temps d'Homère jusqu'à nos jours. La seule remarque que la philologie comparée ait à faire sur les idiomes de la

Grèce, c'est qu'il serait encore plus absurde de vouloir regarder la langue grecque comme mère du latin que de dériver l'anglais de l'allemand. En effet, nous trouvons en latin beaucoup de formes plus primitives que les formes correspondantes en grec.

4°. — BRANCHE CELTIQUE.

Les Celtes semblent avoir été les premiers Aryens qui soient arrivés en Europe. Les seuls dialectes celtiques qui se soient conservés jusqu'à nous sont le *Kimri* et le *gadhélique*.

Le kimri comprend le *gallois*, parlé dans le pays de Galles, le *cornique*, qui s'est éteint il y a peu d'années, et l'*armoricain* parlé dans la Bretagne française.

Le gadhélique comprend *l'irlandais*, le *gaélique*, parlé sur la côte occidentale de l'Ecosse, et le *manx*, dialecte de l'île de *Man*.

5°. — BRANCHE SLAVE.

Max. Müller pense qu'elle serait mieux désignée par le

nom de *windique*. Il la divise en deux rameaux : le *lette* et le *slave*.

Le *lette* est parlé aujourd'hui dans la Courlande et dans la Livonie ; le *lithuanien* dans la Prusse orientale et les parties limitrophes de la Russie. L'ancien prussien, qui se rapprochait beaucoup du lithuanien, s'est éteint au XVIIe siècle.

Les langues slaves proprement dites se divisent en deux rameaux distincts : 1° le rameau oriental qui comprend le russe, le bulgare et l'illyrien. L'illyrien est un nom plus ou moins commode pour comprendre le serbe, le croate et le slovenien ; 2° le rameau occidental des langues slaves comprend les dialectes de la Pologne, de la Bohème et de la Lusace.

Voilà passés en revue tous les dialectes de la famille aryenne qui sont parlés en Europe, à la seule exception de l'*albanais*, que l'on a fait remonter au langage des anciens Illyriens, à cause des différences bien marquées qui le séparent du grec, ainsi que de tous les membres reconnus de la famille aryenne.

De l'Europe nous devons maintenant passer en Asie, et là nous commencerons à l'extrême sud par les langues de l'Inde.

6°. — LE SANSCRIT.

Nous pouvons faire remonter à environ 1500 ans avant notre ère, le dialecte des Védas, lequel fut suivi du sanscrit moderne; plus tard, nous trouvons les dialectes vulgaires du IIIe siècle avant J.-C., les dialectes prakrits, employés dans le drame indien et enfin les idiomes parlés encore de nos jours, tels que l'hindoui, l'hindoustani, le mahratte et le bengali.

Très-étroitement apparentée au sanscrit, surtout au sanscrit des Védas, est l'antique langue du Zend-Avesta, le zend, ainsi qu'on l'appelle, qui est la langue sacrée des Zoroastriens, adorateurs d'Ormuzd. En effet, c'est en grande partie par la connaissance du sanscrit et à l'aide de la philologie comparée que l'on est parvenu à déchiffrer l'ancien dialecte des parsis ou adorateurs du feu.

Ce fut un Français, Anquetil-Duperron, qui le premier traduisit le Zend-Avesta, mais sa traduction fut faite sur une version en persan moderne, et non sur le texte original. Le premier Européen qui entreprit de lire les paroles mêmes de Zoroastre fut le danois Rask et, après sa mort prématurée, Eugène Burnouf en France, obtint un des plus glorieux triomphes de la science moderne en déchiffrant la langue du Zend-Avesta et en établissant son étroite parenté avec le sanscrit.

Nous voyons ensuite le zend devenir le dialecte dans lequel sont écrites les inscriptions de la dynastie des Achéménides. Ce dialecte se modifie encore et devient le *pehlvi* ou le *huzvareṣh* (plus correctement *huzuresh*), qui était parlé sous la dynastie des Sassanides (226-651 de J.-C.) et qui nous a été conservé dans les traductions du Zend-Avesta et dans la langue officielle des inscriptions et des monnaies sassanides.

Les autres langues asiatiques dont la grammaire et le vocabulaire témoignent d'une manière générale de leur parenté avec le sanscrit et le persan sont la langue de l'Afghanistan ou le pouschtou, celle des *Kurdes*, celle des *Ossetes* dans le Caucase, enfin l'*arménien*. La langue de *Bokhara* n'est qu'un dialecte du persan et ne mérite pas de figurer séparément dans le tableau des langues aryennes.

Il n'y a plus qu'une seule langue aryenne dont nous ayons omis la mention : c'est celle des Bohémiens ou, comme on les appelle dans tout l'Orient, des *Tziganes*, et elle appartient également à l'Asie et à l'Europe. Quoique cette langue ait perdu presque toutes ses formes grammaticales, et que son vocabulaire soit composé de mots dérobés à tous les pays que les Tziganes ont traversés, nous reconnaissons encore clairement les liens qui la rattachent à l'Hindoustan, la patrie d'où elle est exilée.

FAMILLE DES LANGUES SÉMITIQUES.

Cette famille, comme la famille aryenne, a été établie d'après les principes les plus rigoureux de la classification généalogique. Elle est divisée en trois branches :

1°. — L'ARAMÉENNE.

Cette branche nous est surtout connue par deux dialectes : le syriaque et le chaldéen.

2° — L'HÉBRAÏQUE.

Elle est représentée principalement par l'ancienne langue de la Palestine. Le Phénicien à en juger par les inscriptions qui nous en restent, était très étroitement allié à l'hébreu, et la langue des Carthaginois doit également être rapportée à la même branche.

3°. — L'ARABE.

Cette langue est sortie de la péninsule arabique où elle

est encore parlée par une masse compacte d'aborigènes. Ses plus anciens monuments sont les inscriptions *himiariques*. A une époque très-reculée, un rameau de cette branche arabique fut transplantée en Afrique. C'est l'éthiopien ou l'abyssinien, ou comme les indigènes l'appellent le ghez. La langue moderne de l'Abyssinie est *l'amharique*.

D'autres langues, que l'on suppose appartenir à la famille sémitique, sont les dialectes *berbers* de l'Afrique septentrionale.

On a aussi rangé dans la même famille quelques autres langues de l'Afrique, telles que le *Haussa*, le *Galla* et la langue de l'Egypte, le copte, qui a cessé d'être parlé depuis le XVIIe siècle. Mais la question n'est pas encore suffisamment étudiée.

Rigoureusement parlant, les familles aryenne et sémitique sont les seules qui méritent réellement le titre de familles.

Voilà, réduit à l'état de squelette, le tableau de la classification généalogique des langues que nous offre, avec sa chair et ses couleurs notre habile philologue.

Ce tableau n'est pas universel ; il ne comprend pas certaines langues qui n'ont pu encore être rigoureusement classées en familles, mais qui le seront un jour.

III. — CLASSIFICATION MORPHOLOGIQUE DES LANGUES [1].

Si la classification généalogique des langues ne peut encore être universelle, il en est autrement de la classification morphologique qui embrasse l'universalité des langues.

Autant qu'on en peut juger à présent, toutes les langues peuvent se réduire, en dernière analyse, à des racines attributives et démonstratives; il est manifeste que, selon la manière dont les racines sont unies, on peut s'attendre à trouver trois espèces de langues ou trois périodes dans la formation graduelle du langage.

1° Les racines peuvent être employées comme des mots, chaque racine conservant toute son indépendance.

2° Deux racines peuvent être jointes ensemble pour former des mots, et dans ces composés l'une des racines peut perdre son indépendance.

3° Deux racines peuvent être réunies pour former des mots, et dans ces composés perdre toutes les deux leur indépendance.

Ce qui s'applique à deux racines s'applique également à trois, quatre ou plus encore.

1. Voy. la 8e leçon du Cours de 1861.

Les langues de la première période, où chaque racine conserve son indépendance, comme dans l'ancien chinois, ont été appelées quelquefois monosyllabiques ou isolantes.

Celles de la deuxième période ou des *désinences*, ont pris le nom de langues *agglutinantes*, parce que de deux ou plusieurs racines agglutinées pour former un mot, l'une conserve son indépendance radicale et l'autre se réduit à une simple désinence, ainsi que cela a lieu dans la famille touranienne.

Celles de la troisième période ou des *flexions*, dans lesquelles les racines se fondent de telle sorte qu'aucune d'elles ne conserve son indépendance, comme nous le voyons dans les familles aryenne et sémitique, ont été quelquefois distinguées par le nom d'*organiques* ou d'*amalgantes*.

Tout le groupe touranien se compose de langues à *désinences* ou *agglutinantes* et il comprend, à l'exception du chinois et des dialectes congénères, toutes les langues parlées en Asie et en Europe qui ne font pas partie des familles aryenne et sémitique.

La famille ou classe touranienne comprend deux grandes divisions : celle du nord et celle du sud.

Celle du nord est quelquefois appelée ouralo-altaïque ou ougro-tartare, et elle se subdivise en cinq sections : la *tonjouse*, la *mongole*, la *turque*, la *finnoise* et la *samoyède*.

Celle du sud est divisée en quatre classes : la *tamoule*, la *bhotiya*, la *taienne* et la *malaise*.

Le trait le plus caractéristique de ces langues, c'est l'agglutination. Les mots que nous offrent leur conjugaison et leur déclinaison se prêtent toujours à une décomposition facile, et bien qu'il s'en faille de beaucoup que les terminaisons aient toujours conservé leur valeur significative comme mots indépendants, on sent encore qu'elles sont des syllabes modificatives, distinctes des racines auxquelles elles s'ajoutent.

La différence entre une langue aryenne et touranienne est à peu près la même qu'entre une mosaïque bien ou mal faite. Les mots aryens semblent formés d'une seule pièce, les mots touraniens laissent voir les fentes et les sutures. Le seul trait caractèristique qui ne s'efface jamais dans la famille touranienne, c'est que la racine n'est jamais obscurcie.

La principale distinction, entre les langues à *flexions* et les langues *agglutinantes*, consiste en ce que ces dernières conservent la conscience de leurs racines dont elles n'admettent pas par conséquent l'altération phonétique. Dans les langues à *flexions*, au contraire, les éléments divers qui entrent dans la composition des mots peuvent être si bien soudés ensemble et si complétement changés par l'altération phonétique, que l'étude devient nécessaire pour reconnaître la distinction originelle entre une racine et une désinence et que la grammaire comparée peut seule découvrir les soudures entre les parties constitutives.

La classification morphologique de Max. Müller s'applique, comme nous l'avons dit en commençant, à toutes les langues, et par là elle diffère de la classification généalogique qui ne peut comprendre encore qu'un certain nombre de langues.

Il fallait distinguer ces deux classifications : la première est fondée sur les rapports de parenté, de famille, de race ; la deuxième sur la nature même des *formes* plus ou moins isolées, agglutinées, mêlées, distinctes ou confuses. —

IV. — PROBLÈME DE L'ORIGINE COMMUNE DES LANGUES [1].

Le problème de l'origine commune des langues, dit Max. Müller, n'a aucune connexion nécessaire avec celui de l'origine commune de l'humanité. Quand il serait possible de prouver que le langage est sorti de sources différentes, on ne pourrait rien en conclure de contraire à l'unité primitive de la race humaine. Car si nous regardons le langage comme *naturel* à l'homme, il a pu éclore à différentes époques et dans des régions différentes chez les descendants épars d'un couple originel.

1. Voy. Huitième leçon du Cours de 1861.

Si, au contraire, nous regardons le langage comme une invention *artificielle*, il y a encore moins de difficulté à ce que chaque génération successive ait pu former son propre idiome.

De même, si on pouvait prouver que toutes les langues du monde révèlent une origine commune, il ne s'ensuivrait aucunement que la race humaine doive descendre d'un même couple. Car le langage a pu être la propriété d'une race privilégiée qui en aurait enrichi les autres races dans le cours du temps et dans la marche de l'humanité.

En rendant solidaires et en mêlant l'une à l'autre la science du langage et celle de l'ethnologie, on a porté à toutes deux une très-fâcheuse atteinte. La classification des races doit être tout à fait indépendante de celle des langues. Les races, en effet, peuvent changer de langue, et l'histoire nous fournit plusieurs exemples d'une race adoptant la langue d'une autre : c'est pourquoi différentes langues peuvent être parlées par une même race, ou différentes races peuvent parler une même langue; de sorte que toute tentative pour faire cadrer ensemble la classification des races et celle des langues doit nécessairement échouer.

Darwin toutefois a soutenu la thèse contraire.

Nous avons reconnu qu'il y a trois formes principales où se ramènent toutes les variétés secondaires, et qui nous servent à établir trois grandes catégories : celle des langues où les *racines* restent invariables, celle des langues *agglutinantes* et celle des langues à *flexions*. Nous avons maintenant à nous demander si, malgré les différences qui séparent l'un de l'autre ces trois systèmes, nous pourrons admettre une origine commune pour toutes les langues humaines. Je réponds sans hésiter que nous le pouvons.

Vous remarquerez, continue Max Muller, que dans ce que je viens de dire, j'ai cherché à établir *la possibilité* et non la *nécessité* d'une origine commune du langage. Je regarde ce problème, lequel n'a rien à faire avec celui de l'unité primitive de l'humanité, comme une question qui doit rester indécise le plus longtemps possible.

Le problème envisagé sous son véritable aspect, se réduit à ceci: *Si vous voulez affirmer que le langage a eu des commencements différents, il faut prouver qu'il est impossible que toutes les langues aient eu une origine commune.*

Cette impossibilité n'a jamais été démontrée pour une origine commune des dialectes aryens et sémitiques.

La seule question qu'il nous reste à résoudre est de savoir si une même source a fourni toute l'eau qui coule dans les canaux parallèles du langage, ou pour parler sans métaphore, si les racines qui furent juxtaposées ou fondues ensemble, d'après les systèmes du *monosyllabisme*, des *désinences* et des *flexions*, étaient identiquement les mêmes. La seule manière de répondre à cette question, ou du moins de chercher à le faire, c'est d'étudier la nature et l'origine des racines ; nous serons alors arrivé aux dernières limites où le raisonnement par induction puisse atteindre dans les recherches qui ont pour objet de jeter quelque jour sur les mystères du langage.

C'est cette question de la nature et de l'origine des racines qu'il convient maintenant d'examiner.

V. DE LA NATURE ET DE L'ORIGINE DES RACINES DES MOTS, CONSIDÉRÉES COMME ÉLÉMENTS CONSTITUTIFS DU LANGAGE [1].

Dans la dernière leçon de son Cours de 1861 sur la science du langage, Max. Müller examine les deux principales théories qui ont été proposées pour expliquer la formation des *racines,* lesquelles sont réellement les éléments constitutifs du langage. Ces deux théories sont celle de l'onomatopée ou imitation et celle de l'interjection.

Dans la première hypothèse, dit Max. Müller, les racines seraient des imitations de sons ; dans la seconde elles seraient des interjections ou des cris involontaires. La théorie de l'onomatopée fut en grande faveur dans l'école du XVIIIe siècle, et comme elle est encore adoptée par beau-

1. Voy. Neuvième leçon du Cours de 1861.

coup de savants et de philosophes distingués, elle mérite notre examen le plus attentif. On suppose donc que l'homme, étant encore dans l'état de mutisme, entendit les cris des oiseaux et des animaux, le mugissement de la mer, le bruissement de la forêt, le murmure du ruisseau, le souffle de la brise et le grondement du tonnerre. Il s'efforça d'imiter ces bruits, et, trouvant que ces cris imitatifs étaient utiles comme signes des objets qui les avaient suggérés, il poursuivit cette idée et élabora le langage. Cette doctrine fut développée et défendue avec un grand talent par Herder.

Max. Müller cite ici un passage d'un écrit de ce philosophe.

A cela, dit-il, nous répondons qu'encore que toutes les langues possèdent un certain nombre de mots formés par onomatopée, ces mots ne constituent dans aucune langue qu'une bien faible minorité du vocabulaire entier. Ce sont les *jouets* et non les *outils* du langage, et toute tentative pour ramener à des racines imitatives les mots les plus communs et les plus nécessaires, ne pourra jamais être qu'en pure perte.

Herder lui-même, après avoir été le vigoureux défenseur de la théorie de l'onomatopée (et avoir obtenu le prix offert par l'Académie de Berlin pour le meilleur essai sur l'origine du langage), renonça ouvertement à ce système sur la fin de sa vie et se jeta de désespoir dans les bras de ceux qui regardaient le langage comme ayant été révélé à l'homme par un miracle.

Nous ne nions pas et nous ne pouvons pas nier la possibilité de la formation d'une langue par le procédé de l'imitation. Tout ce que nous affirmons, c'est que jusqu'à présent on n'a découvert aucune langue qui ait été ainsi formée.

Après une série de développements et d'exemples aussi curieux qu'instructifs, à l'appui de sa réfutation de la théorie de l'onomatopée, Max. Müller passe à l'examen de la théorie des interjections.

Notre réponse à cette hypothèse ne diffère point, dit-il, de celle que nous avons faite à la théorie précédente. Il n'est pas douteux qu'il n'y ait, dans toutes les langues, des interjections dont quelques unes peuvent devenir traditionnelles, et entrer dans la composition des mots. Mais ces interjections ne se trouvent que sur les confins, et non pas au cœur même du langage véritable. Le langage commence là où finissent les interjections.

Nous devons reconnaître qu'un certain langage aurait pu être formé avec des interjections, de même qu'avec des onomatopées. Mais il ne ressemblerait aucunement aux mille langues diverses que nous trouvons répandues sur le globe.

Quant aux étymologies qu'on prétend donner de certains mots qui seraient dérivés de simples interjections, elles ne reposent guère que sur des illusions analogues à celles que nous avons signalées en parlant des onomatopées.

Voilà donc écartées les deux théories de l'onomatopée et des interjections, et nous acceptons complétement pour notre compte personnel, la réfutation qu'en a faite Max. Müller ; elle est claire et convaincante. Mais le profond philologue entre dans un problème plus difficile à résoudre.

Il y a, dit-il, un point depuis longtemps controversé parmi les philosophes, à savoir si le langage a eu son origine dans des appellations générales ou dans des noms propres. C'est la question du *primum cognitum* pour me servir du terme des écoles, et en tâchant de l'approfondir, nous arriverons peut-être à découvrir la véritable nature de la racine, le *primum appellatum*.

Certains philosophes, parmi lesquels je citerai Locke, Condillac, Adam Smith, Brown et, avec quelques restrictions, Dugald-Stewart, soutiennent que tous les termes, dans leur acception originelle, expriment des objets individuels.

Un enfant qui commence à parler, dit Smith, appelle *papa* ou *maman* toutes les personnes qu'il voit venir dans sa maison, et il applique ainsi à l'espèce toute entière les noms qu'on lui avait appris à donner à deux individus. J'ai connu, ajoute Smith, un paysan qui ne savait pas le nom de la rivière qui coulait devant sa porte. C'était la *ivière*, disait-il, et il ne l'avait jamais entendu appeler autrement. Son expérience, à ce qu'il semble, ne lui avait fait connaître aucune autre rivière. Le mot *rivière* était donc évidemment pour lui un nom propre signifiant un seul objet, et si on lui avait fait voir un autre cours d'eau, nul doute qu'il ne l'eût immédiatement nommé *une rivière*.

La citation que nous venons de lire, reprend Max. Müller, nous expose clairement une des manières de comprendre la formation de la pensée et du langage. D'autres philosophes, au contraire, soutiennent la contre-partie de ce système, et regardent les termes généraux comme constituant l'essence même du langage. « Les enfants, dit Leibniz, se servent des termes généraux, comme *chose*, *plante*, *animal*, au lieu d'employer les termes propres qui leur manquent. Et il est sûr que tous les noms propres ou individuels ont été originairement appellatifs ou généraux. » Un peu après, Leibniz ajoute: « Ainsi j'oserais dire que presque tous les mots sont originairement des termes généraux, parce qu'il arrivera fort rarement qu'on inventera un nom exprès, sans raisons, pour marquer un tel individu. On peut donc dire que les noms des individus étaient des noms d'espèces qu'on donnait par excellence, ou autrement à quelque individu, comme le nom de *grosse tête*, à celui de toute la ville qui l'avait la plus grande, ou qui était le plus considéré des grosses têtes qu'on connaissait. »

Voilà deux solutions bien différentes du problème en question. Quelle va être l'opinion de Max. Müller? Se prononcera-t-il pour la solution de Smith ou pour celle de Leibniz ? Écoutons-le.

Il peut sembler présomptueux, dit-il, à nous de vouloir nous faire l'arbitre d'une question sur laquelle des hommes tels que Leibniz, Adam Smith ont prononcé d'une manière si affirmative et si contraire.

Après cette précaution oratoire, le savant et modeste Max. Müller tâche de concilier les deux adversaires.

Adam Smith, dit-il, a évidemment raison de dire que la première *caverne* individuelle qui reçut cette appellation donna son nom à toutes les autres cavernes. Mais Leibniz est également dans le vrai lorsque, remontant au delà de l'apparition des noms tels que *caverna*, etc., il nous explique comment ces noms ont pu être formés.

Reportons-nous à la langue d'où nous vient le mot *caverne*. Caverne se dit en latin : *Antrum*, *cavea*, *spelunca*. Or *antrum* a, en réalité, la même signification que *internum*. *Antar* signifie en sanscrit *entre* et *en dedans*. *Antrum* a donc signifié originairement : ce qui est *au dedans*, ou à *l'intérieur*, soit de la terre, soit de toute autre chose. Il est donc évident que ce nom n'a pas pu être donné à une caverne particulière avant que l'esprit de l'homme eût conçu l'idée générale de l'existence *au dedans* de quelque chose. Une fois cette idée générale conçue par l'esprit et exprimée par la racine *an* ou *antar*, l'origine de l'appellation devient très-claire et très-intelligible. Le creux du rocher où l'homme primitif pouvait se mettre à couvert était appelé *son dedans*, son *antrum*, et dès lors les cavités semblables, qu'elles fussent creusées dans la terre ou dans un arbre, devaient être désignées par le même nom.

Passons maintenant à un autre nom de la caverne, *cavea* ou *caverna*. Ici encore Adam Smith aurait parfaitement raison de dire que ce nom, lorsqu'il fut donné pour la première fois, s'appliquait à une caverne particulière, et fut ensuite étendu à d'autres cavernes. Mais Leibniz ne serait pas moins fondé à soutenir que la première cavité n'avait pu être appelée *cavea*, avant que l'idée générale du *creux* eût été formée dans l'esprit et eût reçu son expression phonétique *cav*.

Nous pouvons même pénétrer encore plus avant dans ces couches primitives de la pensée et du langage; car *cavus* ou creux est une idée secondaire et non primaire. Avant qu'une caverne reçût le nom de *cavea*, chose creuse, beaucoup d'autres choses creuses avaient passé sous les yeux de l'homme. D'où donc est venu le choix de la racine *cav* pour désigner une chose creuse ou un trou? De ce que cette cavité devait servir d'abord de lieu de sûreté ou de protection et d'abri où l'on serait à couvert; et c'est pourquoi elle fut désignée par la racine *ku* ou *sku*, qui exprimait l'idée de couvrir (de *sku* ou *ku* viennent σκῦτος et *cutis*, peau).

L'idée générale de *couvrir* existait donc déjà dans l'esprit avant d'être appliquée aux retraites dans les rochers ou dans les arbres, et c'est seulement quand eut été créée une expression générale pour suggérer l'idée d'un endroit sûr, d'une retraite protectrice, que les cavernes en particulier purent être appelées *cavea*.

Telle est l'histoire de tous les substantifs. Ils ont tous exprimé originairement un seul des nombreux attributs qui appartiennent à un même objet, et cet attribut (que ce fût une qualité ou une action), était représenté nécessairement par une idée générale. D'abord le mot ainsi formé ne désignait que le seul et unique objet qui l'avait suggéré; mais il ne pouvait manquer de s'étendre presque aussitôt à toute la classe dont cet objet semblait faire partie.

La question de l'origine de nos connaissances s'offre donc à nous sous un jour nouveau et parfaitement clair. Nous commençons réellement par connaître les idées générales, et c'est par elles que nous connaissons et que nous nommons ensuite les objets individuels auxquels il nous est possible d'attacher une idée générale. Ce n'est que dans une troisième phase de notre esprit que ces objets individuels, après avoir été ainsi connus et nommés, viennent à leur tour à représenter des classes entières et que leurs noms propres se changent en noms appellatifs.

Il me reste, dit Max. Müller, à résoudre le dernier problème que nous présente notre science, à savoir : comment le son peut-il exprimer la pensée? Comment les racines sont-elles devenues les signes d'idées générales? Comment l'idée abstraite de *mesurer* a-t-elle été exprimée par *ma*, et celle de penser par *man?* Comment la racine *gâ* est-elle venue à signifier *aller* et comment les racines *stha, sad, dâ, mar, car* et *kar* ont-elles pu signifier respectivement : se tenir debout, s'asseoir, donner, mourir, marcher et faire?

Max. Müller répond : les quatre ou cinq cents racines qui nous restent, après l'analyse la plus minutieuse, comme éléments constitutifs des différentes familles de langues, ne sont ni des interjections, ni des onomopatées. Ce sont des *types phonétiques*, produits par une puissance inhérente à l'esprit humain. Dans son état primitif et parfait, l'homme n'était pas seulement doué de la puissance de traduire ses perceptions par des onomatopées, ni ainsi que le font les bêtes d'exprimer ses sensations par des cris, il possédait en outre, la *faculté* de donner une expression articulée aux conceptions de sa raison Cette *faculté*, il ne se l'était pas donnée à lui-même. C'était *un instinct mental*, aussi irrésistible que tout autre. En tant qu'il a été produit par cet instinct, le langage appartient clairement au domaine de la nature.

Quant à la solution du problème de l'origine des racines, tout ce que nous avons le droit d'affirmer, est que le langage débute par des racines, et que ces racines ne sont ni plus ni moins que des types phonétiques ou des sons typiques. Ce qu'il y au-delà n'est plus, ou, pour suivre l'ordre historique, n'est pas encore du langage. Tout ce ui existe dans le langage réel n'est autre chose que des tiges sorties de ces racin es et celles-ci sont des *corps simples* qui résistent à toute décomposition.

VI. — LA LOI DE GRIMM [1].

La loi de Grimm, dit Max. Müller, est une loi phonétique d'une grande importance et d'une application très-étendue, puisqu'elle influe sur presque tout le système des consonnes des langues aryennes. Cette loi peut-être exposée ainsi :

Il y a dans la prononciation des langues aryennes trois points principaux où le contact des organes de la parole donne naissance aux consonnes : le point guttural, le point dental et le point labial, où sont produit les sons *k*, *t*, *p*.

A chacun de ces trois points, il y a deux modes de prononciation, la prononciation dure et la prononciation molle; chacune desquelles est à son tour susceptible d'une aspiration, mais dans certaines langues seulement.

En sanscrit le système est complet : nous avons les consonnes dures (ou les ténues, *k, t, p*); les consonnes molles (ou les moyennes, *g, d, b*); les aspirées rudes *kh, th, ph;* et les aspirées molles, *gh, dh, bh.*

1. Voy. Cinquième leçon du Cours de 1863.

En grec, nous trouvons, outre les consonnes rudes et molles ordinaires, une seule série d'aspirées χ, θ, φ, lesquelles sont rudes.

En latin, il n'y a pas d'aspirées véritables, leur place ayant été prise par les spirantes correspondantes. Cependant la spirante dentale *s*, ne se rencontre jamais en latin, comme représentant une aspirée dentale primitive (*th* ou *dh*).

En gothique, les aspirées véritables manquent également, à moins qu'on ne prononçât comme une aspirée le *th*. Dans la série des gutturales et des dentales nous n'avons que les spirantes *h* et *f*. Cette observation semble s'appliquer également à l'ancien haut-allemand.

Dans les dialectes slaves, y compris le lituanien, les aspirées manquaient originairement.

Nous voyons donc que les aspirées existent seulement en sanscrit et en grec, et que dans la première de ces langues, elles sont surtout molles; dans la dernière, toujours rudes.

Examinons maintenant la loi de Grimm, la voici :

Si les mêmes racines ou les mêmes mots existent en sanscrit, en grec, en latin, en celtique, en slave, en lithuanien, en gothique et en haut-allemand, alors partout où les Hindous et les Grecs prononcent une aspirée, les Goths et les bas-allemands en général, les Saxons, les Anglo-Saxons, les Frisons, etc., prononcent la consonne molle (ou la moyenne) correspondante, les anciens Haut-Allemands prononcent la consonne rude (ou la ténue) correspondante. Dans ce premier changement, les races lithuanienne, slave et celtique s'accordent pour la prononciation avec la race gothique. Nous arrivons ainsi à la première formule :

1.	Grec et sanscrit.	*HK*,	*TH*,	*PH*,
2.	Gothique.	*G*,	*D*,	*B*,
3.	Ancien haut-allemand. .	*K*,	*T*,	*P*,

Secondement, si en grec, en latin, en sanscrit, en lithuanien, en slave et en celtique, nous trouvons une moyenne, alors nous trouvons une ténue correspondante en gothique, une spirante correspondante en ancien haut allemand. Ceci nous donne la seconde formule :

4.	Grec, etc.	*G*,	*D*,	*B*,
5.	Gothique.	*K*,	*T*,	*P*,
6.	Ancien haut-allemand. .	*CH*,	*Z*,	*F* (*ph*),

Troisièmement, lorsque les six premières de ces langues nous offrent une ténue, alors le gothique nous offre la spirante correspondante, l'ancien haut-allemand la moyenne correspondante. Toutefois, en ancien haut-allemand, la loi ne s'applique qu'à la série des dentales, tandis que dans la série des gutturales et dans celle des labiales, les documents de l'ancien haut-allemand nous présentent généralement *h* et *f*, au lieu des moyennes correspondantes *g* et *b*. Ceci nous donne la troisième formule :

7. Grec, etc.	*K*,	*T*,	*P*,
8. Gothique.	*H* (*G*,*F*),	*T*,*H* (*D*),	*F* (*B*).
9. Ancien haut-allemand. . .	*H* (*G*,*K*),	*D*,	*F* (*B*,*V*).

Max. Müller résume cette loi de Grimm dans le tableau général suivant :

	1	2	3	4	5	6	7	8	9
Sanscrit.......	GH (H)	DH(H)	BH (H)	G	D	B	K	T	P
Grec...........	χ	θ	φ	γ	δ	β	κ	τ	π
Latin..........	H.F.(g.v)	F (DB)	F (B)	G	D	B	C QU	T	P
Ancien Irlandais	G	D	B	G	D	B ?	C(CH)	T (TH)	(P)?
Ancien slave....	G, Z	D	B	G Z	D	B	K	T	P
Lithuanien.....	G Z	D	B	G Z	D	B	K	T	P
Gothique.......	G	D		K	T	(P) ?	HG(F)	TH D	F B
Ancien Haut-Allemand.....	K	T	P	CH	Z Z	FPH	H G K	D	F V

En exposant la théorie de cette loi de Grimm, Max. Müller la développe, l'explique, la justifie par divers exemples pour chacun des neuf cas ci-dessus dans lesquels a eu lieu le déplacement des consonnes. Je n'en rapporterai que quelques-uns qui suffiront à l'intelligence de cette loi.

1 —Max. Müller trouve que le mot anglais *garden*, correspond au gothique *gards*, au grec *cohors*, au latin *hortus* et *chòrtos*, cour de ferme.

2 — Il trouve que l'anglais *deer*, bête fauve, correspond à l'anglo-saxon *deor*, au gothique *dius*, au grec *ther* ou *pher* (bête sauvage), au latin *fera*, etc.

3 — Que l'anglais *beech*, hêtre, est le gothique *bôka*, le latin *fagus*, le grec *phégòs*, etc.

4 — Que l'angais *kin* (race, famille, parenté) est le gothique *kuni*, le latin *genus*, le sanscrit *janas*.

5 — Que l'anglais *two*, deux, est le gothique *tvai*, ancien haut-allemand *zuei*, et le latin *duo*, le lithuanien *du;* le slave *dva*, l'irlandais *do*, etc.

6 — Max. Müller fait remarquer pour ce sixième cas qu'il y a peu de vrais mots saxons qui commencent par P, et qu'en gothique aucun mot ne commence par cette lettre, excepté, des mots étrangers. En sanscrit aussi la consonne qui devrait correspondre au P gothique, c'est-à-dire B, est bien rarement, si tant est qu'elle le soit jamais, un son initial, sa place étant occupée par le soufle labial *V*.

7 — L'anglais *heart*, cœur, est le gothique, *hairto*, le latin *cor*, grec *kardia*. En sanscrit nous devrions nous attendre à *krid*, mais nous trouvons la forme irrégulière *hrid*. L'ancien haut-allemand donne *herza*.

8 — L'anglais *thou*, tu, est le sanscrit *tvam*, grec *ty* et *sy*, latin *tu*, haut-allemaad *du*.

9 — Enfin pour le neuvième cas, l'anglais *few*, peu, est le même mot que le français *peu*. *Few* cependant n'a pas été emprunté au franco-normand ; les deux mots sont des cousins éloignés. *Peu* remonte à *paucus* ; *few* à l'anglo-saxon *feawa;* gothique *fav-s*, lequel est le véritable représentant gothique du latin *paucus*.

On voit par ces exemples que les mêmes mots, qui dans une langue commencent par une consonne, peuvent dans une autre langue commencer par une consonne différente. Or, ces changements de lettres n'étant pas arbitraires, mais étant le résultat d'une règle, d'une loi, on comprend d'abord quelle doit être l'importance de la loi de Grimm, au point de vue surtout de la généalogie et de l'étymologie des mots. C'est ce que Max. Müller fait admirablement ressortir dans sa sixième leçon sur les principes de l'étymologie dont nous allons donner une analyse sommaire et citer quelques passages.

VII. — PRINCIPES DE L'ÉTYMOLOGIE [1].

On connaît, dit Max. Müller, la définition que Voltaire donnait de l'étymologie : « C'est, disait-il, une science

1. Voy. Sixième leçon du Cours de 1863.

où les voyelles ne sont rien et les consonnes fort peu de chose. »

Quand on songe aux étymologistes de son temps contre qui il dirigeait ce sarcasme, il faut avouer qu'il n'avait point complètement tort. Toutefois partout où il y avait une certaine similitude de son et de signification entre les mots français d'une part et des mots appartenant au latin, à l'allemand, à l'hébreu ou à quelqu'autre langue, d'autre part, Voltaire lui-même eût accepté l'étymologie. Il n'avait jamais pu venir à l'esprit de personne de de mettre eu question que *Dieu*, par exemple, fût le même mot que *Deus* ; que *homme* ne fût le même que *homo*, et que *femme* ne fût identique avec *femina*. Dans ces cas et autres semblables, il ne s'était fait aucun changement de signification.

Il y a, par le fait, une branche de recherches étymologiques, qui au temps de Voltaire, et même bien avant lui, avait été cultivée avec de grands succès, je veux parler de l'histoire des dialectes novo-latins ou Romans. Dans le dictionnaire de Du Cange, nous trouvons le plus précieux recueil d'extraits des auteurs latins du moyen âge où nous pouvons suivre pas à pas les mutations graduelles de la forme et du sens des mots dans le passage du latin ancien au latin moderne. Ménage aussi, dans le dictionnaire sur lequel on a tant plaisanté, a contribué pour sa part et par d'ingénieuses recherches, à retrouver les mots bas-latins dans les plus anciens documents de la littérature française, et il a tracé l'histoire de bien des mots depuis le temps des croisades jusqu'au siècle de Louis XIV.

Non-seulement Voltaire au XVIIIe siècle, mais même Henri Estienne, au XVIe, savaient que c'est en latin que nous devons nous attendre à trouver la forme et la signification originelles de la plupart des mots qui composent le vocabulaire des langues française, italienne et espagnole. Mais ces anciens étymologistes ne connurent jamais de criterium, pour distinguer une bonne dérivation d'une fausse, si ce n'est la similitude de son et de signification entre les deux mots qu'il s'agissait de rapprocher.

Ce n'est que dans ce siècle que l'étymologie a pris son rang parmi les sciences, et il est curieux de remarquer que, ce qui dans la pensée de Voltaire était un sarcasme, est devenu aujourd'hui un des principes reconnus de la science. L'étymologie, en effet, ne se préoccupe en aucune façon de l'identité, ni même de la ressemblance, soit pour le son, soit pour la forme des mots dont elle étudie les liens de parenté. L'étymologie scientifique n'a rien à démêler avec le son.

Pour établir cette thèse, Max. Müller s'attache à prouver les quatre points suivants :

1. Que le même mot prend des formes différentes dans des langues différentes.

2. Que le même mot prend des formes différentes dans une seule et même langue.

3. Que des mots différents prennent la même forme dans des langues différentes.

4. Que des mots différents prennent la même forme dans une seule et même langue.

Exemples qui démontrent ces quatre propositions :

Première. — Le français *même*, l'espagnol *mismo*, le portugais *mesmo*, sont le même mot dans des langues différentes.

Deuxième. — En anglais *warden* et *guardian*, gardien, sont le même mot. Il en est de même de *brisk*, , vif, *frisky*, frétillant, et *fresh*, frais.

En français nous avons *blâme* et *blasphème*, *serment* et *sacrement*, *chose* et *cause*, *chétif* et *captif*, *naïf* et *natif*, *penser* et *peser*, *payen* et *paysan*, etc.

Troisième. — Une complète identité de son, dans des mots appartenant à des dialectes différents, est toujours suspecte, dit Max. Müller. Aucun linguiste de nos jours n'oserait rapprocher l'anglais *to look*, regarder, du sanscrit *lokayati*, ni *to speed*, se hâter, du grec σπεύδω, ni *to call*, appeler, de καλεῖν, ni *care*, soin, de *cura*.

Que peut-il y avoir de plus tentant que de faire venir l'expression anglaise *on the whole*, en général, en résumé, du grec καθ' ὅλον (même sens), d'où vient *catholique?* Buttmann, dans son *lexilogus*, ne suppose pas que l'on puisse outer de l'identité du grec ὅλος et des mots anglais *hale*, bien portant, et *whole*, entier, que nous trouvons aussi dans l'anglais *wholesome*, sain.

De nos jours un apprenti étymologiste n'a qu'à se référer à la loi de Grimm pour savoir qu'il doit rejeter cette identification comme impossible. Tout d'abord *whole*, dans le sens de *sain*, est réellement le même mot que *hale*. Tous deux existent en anglo-saxon sous la forme *hâl*, gothique *hail*, allemand *heil*. Or, une aspirée initiale en anglo-saxon ou en gothique présuppose une ténue en grec, et par conséquent si ce même mot existait en grec, il faudrait nécessairement qu'il s'y trouvât sous la forme κόλος et non pas ὅλος.

Quatrième. — Il y a en latin l'adjectif *novus* et le nom numéral *novem*. Après la chute de la terminaison, il est resté des deux mots le français *neuf*. L'adjectif possessif *suum* et le substantif *sonum* ont été réduits à une même forme *son*. C'est ainsi que *tuum* et *tonum* sont devenus *ton*.

Max. Müller termine ainsi sa sixième leçon sur l'étymologie :

Si maintenant nous avons établi que la vraie étymologie n'a rien à faire avec le son, quelle autre méthode doit être suivie pour démontrer qu'une dérivation donnée pour un mot est véritable et certaine. Notre réponse, la voici : c'est qu'il faut découvrir les lois qui règlent les changements des lettres. Si c'était par pur accident que le mot primitif pour *larme* prît en sanscrit la forme *asru*, en grec la forme *dacru*, en latin la forme *lacryma*, en gothique la forme *tagr*, vouloir faire de l'étymologie une science serait rêver l'impossible. Mais cela n'est pas.

Malgré l'apparente dissemblance de l'anglais *tear* et du français *larme,* il n'est point, sur la longue route qui mène de l'un à l'autre de ces deux extrêmes, un seul pouce de terrain que la philologie comparée ne rende ferme et solide sous les pas du linguiste. Nous croyons donc, jusqu'à ce que le contraire nous soit prouvé, que l'ordre et la loi président au développement du langage comme aux développements de toutes les autres productions de la nature, et que les changements que nous observons dans l'histoire du langage humain ne résultent pas du hasard, mais obéissent à des lois générales qu'il est possible de déterminer.

VIII. SUR CETTE PENSÉE DE LOCKE, QUE TOUS LES MOTS QUI EXPRIMENT DES CONCEPTIONS IMMATÉRIELLES ONT ÉTÉ DÉRIVÉS MÉTAPHORIQUEMENT DE MOTS QUI SIGNIFIAIENT DES IDÉES SENSIBLES [1].

Max. Müller adopte sans réserve cette pensée de Locke, et cite comme exemples une foule de mots qui, quoique exprimant aujourd'hui des conceptions immatérielles, n'en dérivent pas moins de mots signifiant primitivement des idées sensibles. Ainsi, dit-il, *spiritus* dérive incontestablement du verbe *spirare, respirer; animus,* âme, esprit,

1. Voy. Huitième leçon du Cours de 1863.

a une racine semblable, et dérive, comme nous le dit Cicéron, de *anima*, souffle, air. La racine en est, *an*, qui signifie en sanscrit *souffler*, etc., etc.

Mais la proposition de Locke a été contestée par certains philosophes et voici par quel argument M. Cousin, dans son *Histoire de la philosophie au* XVIIIe *siècle*[1], s'efforce de la combattre: « Je vais vous donner, dit-il, deux mots, et je vous demanderai de les réduire à des mots primitifs qui expriment des idées sensibles. Prenez le mot *je* ou *moi*. Ce mot, au moins dans toutes les langues qui me sont connues, est irréductible, indécomposable, primitif, et il n'exprime aucune idée sensible; il ne représente que le sens que l'intelligence y attache. C'est un pur et véritable signe, sans nul rapport à aucune idée sensible. Le mot *être* est exactement dans le même cas, il est primitif et tout intellectuel. Je ne sache aucune langue où le mot français *être* soit exprimé par un mot correspondant qui représente une idée sensible, donc il n'est point vrai que toutes les racines du langage soient, en dernière analyse, des signes d'idées sensibles. »

Max. Müller répond, comme suit, à cet argument de M. Cousin:

« Il faut reconnaître que le français *je*, qui est le sanscrit *aham*, est un mot d'étymologie douteuse. Il appartient

1. Paris, 1841, vol. II, p. 274,

aux plus anciennes formations du langage aryen, et il n'y a rien de surprenant à ce que les matériaux dont ce mot fut formé aient disparu même en sanscrit... Mais quoique l'étymologie d'*aham* soit incertaine, aucun savant n'a jamais douté que ce mot, comme tous les autres, ne doive avoir une étymologie, et être dérivé d'une racine soit attributive, soit démonstrative. Ceux qui veulent tirer *aham* d'une racine attributive ont songé à la racine *ah*, respirer, parler. Ceux qui veulent le faire venir d'une racine démonstrative nous renvoient au védique *gha*, le sanscrit plus moderne *ha*, celui-ci, employé comme le grec *hóde*.

Ici, Max. Müller ajoute en note :

« Dans mon *Histoire de la littérature sanscrite*, j'ai pensé qu'il était possible de rattacher *aham* au sanscrit *âha*, je dis, grec ἠ, latin *ajo* et *nego* et même au gothique *ahma* (pour *agma*), esprit ; mais je ne le pense plus aujourd'hui. Je ne me rends pas non plus à l'opinion de Benfey, qui dérive *aham* de la racine pronominale *gha* avec un *a* prosthétique. *Aham*, conclut Max. Müller, est un mot qui, pour le présent, doit rester sans généalogie. »

Notre pénétrant philologue nous paraît avoir trop vite renoncé à la recherche de l'étymologie de *aham* (je, moi). Il me semble que celle à laquelle il avait d'abord pensé en dérivant *aham* de *ah*, respirer, et celle de Benfey qui faisait dériver ce *aham* de *gha* ou *ha*, celui-ci, dans le sens du grec *hóde* qui a la même signification, pouvaient être également acceptés comme d'assez sérieuses conjectures.

Je pencherais pour mon compte vers l'étymologie de Benfey : *Aham*, dérivé de *aha*, *gha*, celui-ci. —

Je lis, en effet, dans la grammaire sanscrite d'Emile Burnouf[1] : « Dans *Aham*, la racine *ah* répond à *l'eg* du latin *ego*, et l'*eg* du grec ἐγὼ, à l'*ich* germanique, etc. L'*am* final est la terminaison commune des pronoms personnels au singulier et au pluriel. »

Si dans ego, ἐγὼ, la terminaison o, ὼ, répond à *am* (moi), il ne resterait plus à découvrir que le sens de *ah* (gha). Or, d'après Benfey, *aha* signifierait *celui-ci*, comme le grec *hóde*, et d'après E. Burnouf le même *ah*, répondrait à l'*eg* latin et à l'ἐγ grec, qui semblent bien répondre en latin aux adjectifs démontratifs, *hic*, *hæc hoc*, *is*, *ea*, *id*; en grec α, ὅς, ἥ, το, et en français à, ce, cette, lui. Ne pourrait-on pas conclure de ce rapprochement qu'il ne serait pas téméraire de traduire *aham* par *celui-ci*?

Quoi qu'il en soit, et quelque étymologie que l'on choisisse, le mot *aham* n'en exprimerait pas moins une idée sensible ; car on ne peut pas aller jusqu'à dire qu'un objet *qui respire* et qui est *moi*, n'exprime pas un objet sensible, ni qu'un être que l'on indique aux yeux, par le pronom démonstratif *celui-ci*, est un être purement immatériel.

Du mot *aham*, passons au mot *être*, *esse*, *asmi*, je suis,

1. P. 62.

que M. Cousin considère avec le mot *je*, *moi*, comme un mot qui serait irréductible à une racine exprimant une idée sensible.

Max. Müller répond ainsi à M. Cousin sur ce dernier point :

« Quant au verbe *être*, le cas est différent. C'est le latin *esse*, changé en *essere* et contracté. La racine en est donc *as*, qui, dans toutes les langues aryennes, a fourni la matière du verbe auxiliaire. Il est vrai que, même en sanscrit, cette racine est complétement dépouillée de tout caractère sensible ; elle signifie *être*, et rien de plus. Mais il y a en sanscrit un dérivé de la racine *as*, à savoir, *asu*, et dans ce substantif *asu*, qui signifie ; « le soufle vital », la signification originelle de la racine *as*, a été conservée. Pour donner naissance à un nom comme *asu*, la racine *as* a dû signifier « respirer, » puis « vivre », et ensuite « exister, » et il faut qu'elle ait traversé toutes ces phases, avant de pouvoir être employée comme le verbe auxiliaire abstrait, que nous trouvons non-seulement en sanscrit, mais dans toutes les langues aryennes. N'était que ce seul dérivé *asu*, vie, a été conservé en sanscrit, il serait impossible de deviner quelle a été, dans l'origine, la signification matérielle de la racine *as*, être.

« Mais quand ce substantif ne se fût pas trouvé en sanscrit, le linguiste eût été fondé à supposer comme avéré que la racine *as* dût exprimer primitivement une idée sensible. Et même en français, quoique l'infinitif *être* puisse sembler un mot entièrement abstrait, l'imparfait *j'étais* et le participe *été* sont clairement dérivés du latin *stare,* se tenir debout; et ils nous montrent avec quelle facilité une idée aussi définie que celle de *se tenir debout* peut se réduire à l'idée abstraite *d'être.*

« Si nous jetons les yeux sur d'autres langues, nous verrons constamment que le verbe français *être* y est rendu par des mots correspondants qui ont exprimé, dans l'origine, une idée sensible. Le verbe anglais *to be* est dérivé du sanscrit *bhû*, lequel, comme nous l'apprend le grec *phyo*, a signifié originairement, croître. *I was* se rattache au gothique *visan*, qui signifie demeurer. »

J'admets volontiers avec Max. Müller que la présence en sanscrit d'un mot tel que *asu,* signifiant *souffle*, *vie,* peut impliquer que la racine *as* a dû signifier primitivement *respirer*, puis *vivre*, *exister*, être, et que dans l'origine cette racine exprimait *une idée sensible*, mais pourquoi refuser à cette racine *as* d'exprimer aujourd'hui une idée de ce genre, par cela seul qu'elle a perdu, dit-on, le sens de respirer. Et qu'il ne lui reste plus que le sens d'exister? Mais cet attribut d'existence, essentiel à tout objet, à toute chose, n'exprime-t-il pas lui-même une idée sensible? Je crois donc, à quelque point de vue qu'on se place, que le verbe *être* lui-même ne peut-être considéré comme expression d'une idée purement immatérielle, et que l'opinion de Locke et de Max. Müller est absolument vraie.

IX. — LES HARITS (CHEVAUX DU SOLEIL, EN SANSCRIT ET LES CHARITES (LES GRACES, EN GREC) [1]

D'après la loi de Grimm, quand un mot sanscrit commence par *GH* ou par *H*, on ne peut chercher son identique en grec que dans les mots qui commencent par *ch*, χ. C'est d'après cette règle que Max. Müller trouve dans le mot grec *charis* χάρις, l'identique du *Harit*, sanscrit. Voici, comment il justifie cette opinion, qui me paraît fort juste.

Il y a, dit-il, en sanscrit une racine *ghar*, qui comme *ark* signifie « être brillant. » Elle fut employée originairement en parlant du *luisant de la graisse et de l'onguent*. Au lieu de la racine *ghar*, nous trouvons aussi la racine *har*, légère modification de la première et ayant la même signification.

Cette racine a produit plusieurs dérivés. Deux dérivés fort connus sont *hari* et *harit*, qui tous deux signifiaient originairement « brillant, resplendissant ». Or rappelons-nous que quoique le soleil et l'aurore soient conçus de temps en temps par les poëtes védiques comme étant eux-mêmes des chevaux, c'est-à-dire des chevaux qui

1. Voy. Huitième leçon du Cours de 1863.

font une course, ce fut chez ces poëtes une conception plus familière de représenter le soleil et l'aurore comme tirés par des chevaux. Ces chevaux sont très naturellement appelés *Hari* ou *Harit*, brillants, éclatants.

Après quelque temps la signification étymologique de ces mots fut perdue de vue, et *Hari* òu *Harit* devinrent les noms traditionnels des chevaux par lesquels on représentait l'aurore et le soleil, ou que l'on supposait attelés à leurs chars.

Quand le poëte védique dit : *Le soleil a attelé les Harits pour sa course*, que signifiait originairement ce langage? Rien de plus que ce qui frappe tous les yeux, à savoir que ces brillants rayons que l'on voit le matin dans l'orient, avant le lever du soleil, s'élançant du point de l'horizon où ils sont réunis jusqu'au haut du ciel et jaillissant dans toutes les directions avec la rapidité de l'éclair, font monter après eux le globe lumineux du soleil, comme des coursiers traînent le char d'un guerrier. Mais quelle main est assez ferme pour tenir les rênes du langage? Les *Harits*, les brillants, s'échappent comme des chevaux emportés, et bientôt eux qui étaient originairement l'aurore ou les rayons de l'aurore, reparaissent pour être attelés, comme des chevaux, au char de l'Aurore. Ainsi nous lisons : « On voit les chevaux éclatants qui nous amènent l'Aurore brillante [1]. »

1. Rig-Veda, VII, 75, 6.

Rappelez-vous qu'un des noms donnés aux chevaux du Soleil était *Harit*; rappelez-vous aussi que dans la pensée des créateurs du langage, ces chevaux du Soleil étaient les rayons de l'aurore, ou si vous le voulez l'aurore elle-même. Dans quelques passages l'aurore est simplement appelée *Asvâ*, « la jument », originairement *la lumière qui court*. Cependant, même dans le *Véda*, les *Harits* ne sont pas toujours représentés comme étant de simples chevaux, mais ils prennent quelquefois, comme l'aurore, un aspect plus humain.

Ainsi on les appelle *les sept sœurs* [1] et dans un autre passage, on les représente avec des belles ailes. Voyons maintenant si nous pouvons apercevoir quelque trace de ces *harits* ou brillants dans la mythologie grecque, laquelle, comme la mythologie sanscrite, n'est qu'un autre dialecte de la mythologie commune à toute la famille aryenne. Si tant est que leur nom se trouve en grec, ce ne peut être que sous la forme *charis, charites*. Ce nom, comme vous le savez, existe; mais quelle en est la signification? Il ne veut jamais dire un *cheval*. Dans l'esprit des poëtes grecs, ce nom n'a jamais traversé la phase qui est si ordinaire dans la poésie des Bardes de l'Inde. Il a conservé son sens étymologique de *éclat resplendissant*, et il est devenu le nom de la plus brillante

1. Rig-Veda, v, 66, 5.

clarté du ciel, l'aurore. Dans Homère, *Charis* est encore un des nombreux noms *d'Aphrodite*, et comme Aphrodite, elle est appelée l'épouse d'Hephestos.

Aphrodite, celle qui est née de la mer, était originairement l'aurore, le plus beau de tous les spectacles de la nature ; et c'est pourquoi, il est tout naturel, que dans l'esprit des Grecs, elle ait été élevée au rang de la déesse de la beauté et de l'amour.

Charis se confondit avec les *Charites*, lesquelles, au lieu d'être, comme dans l'Inde, les coursiers de l'Aurore, furent changées par une transformation également naturelle en des compagnes des divinités brillantes, et particulièrement d'Aphrodite, qu'elles baignent à Paphos et frottent d'huile, comme en souvenir de leur descendance de la racine *ghar*, qui, ainsi que nous l'avons vu, signifiait *oindre, rendre brillant avec de l'huile*.

Il peut nous sembler étrange que la *charis*, cette grâce indescriptible de la poésie et de l'art grec, soit issue d'une racine signifiant *être gras*, *être graisseux*. Cependant, comme des enfants gras et joufflus deviennent en grandissant ces « *Lilians* délicates et éthérées » dont nous parle le poëte, ainsi arrive-t-il pour les mots et les idées.

Quand le mot grec *charis* eut grandi et pris le sens de *charme*, qu'il répondit à l'idée que représentait ce mot pour la plus finement cultivée de toutes les races, sans doute le mot réagit sur la *charis* et les *charites* de la mythologie, et en fit la personnification de tout ce que les

Grecs avaient appris à appeler *gracieux et charmant;* aussi à la longue devient-il quelquefois difficile de dire si ce substantif *charis* est employé comme appellatif ou comme nom propre.

Je suis pleinement d'accord avec Curtius, quand il dit : « Qu'aucune étymologie de n'importe quel nom propre ne peut être satisfaisante, si elle ne suffit pas à expliquer les noms appellatifs qui se rattachent à ce nom propre. » Mais notre étymologie de *charis* n'est pas dans ce cas. Au contraire, elle met à nu les racines les plus profondes d'où nous pouvons suivre sans interruption aucune tous les rejetons congénères de ce mot, et dans leurs formes et dans leurs significations, et elle ne redoute pas l'examen le plus approfondi des savants qui étudient la philologie comparée et de ceux qui aiment la mythologie ancienne.

Dans un appendice à sa huitième leçon dont nous venons de donner une sorte d'abrégé, répondant au docteur Sunne qui avait critiqué non le fond, mais quelques détails de son opinion sur les *Harits*, Max. Müller achève d'expliquer ainsi sa pensée : « Rien au monde ne prouve que *charit* ait jamais subi, en grec, la même métamorphose que le sanscrit *Harit*, et que ce mot ait jamais exprimé pour un esprit grec l'idée de *cheval.* Les mythes grecs et les mythes sanscrits doivent être traités comme collatéraux à une même tige et non point comme subordonnés les uns aux autres, et je ne sache pas que j'aie jamais rapporté des mythes grecs à des mythes sanscrits, ou des mots grecs à des mots sanscrits, comme à leurs prototypes. Ce que j'avais dit des *charites* était fort peu de chose. Voici ce que j'ai écrit à la page 81 de mon *Essai sur la mythologie comparée* : « Dans d'autres passages, cependant, les *Harits* revêtent une forme plus humaine, et de même que l'aurore qui est quelquefois appelée simplement *Asva*, la jument, est bien connue sous le nom de *la sœur*, ainsi ces *Harits* sont quelquefois appelés les sept sœurs (vii, 66.5), et dans un passage (ix, 86, 87) nous les trouvons désignées comme les *Harits* « aux belles ailes ». Après cela j'ai à peine besoin de dire que nous avons ici le prototype des *Charites* grecques. »

X. — OBSERVATIONS DE DÉTAIL.

1. — DE L'ALPHABET PHYSIOLOGIQUE [1].

Max. Müller ayant considéré la philologie comparée comme science naturelle, a étudié le langage dans les organes qui le produisent, comme un véritable anatomiste. Aussi nous montre-t-il au moyen de figures tout le mécanisme lingual, et il nous explique autant en vrai

1. Voy. Troisième leçon du Cours de 1861.

musicien qu'en physiologiste, comment les sons se forment et s'expriment.

A l'occasion des sons gutturaux de l'arabe, Max. Müller a cité les observations du professeur Czermak : « En examinant un Arabe au moyen du laryngoscope, dit-il [1], Czermak réussit à surprendre le secret de la formation du *Hha* et du *Aïn*, qui constituent dans les langues sémitiques une classe à part d'*aspirations* gutturales. »

Max. Müller ne s'est pas servi d'une expression exacte, qu'il me permette cette chétive observation, en disant que le *aïn* était une *aspiration;* c'est une articulation qu'il fallait dire. Il n'y a rien d'aspiré dans le *aïn.* C'est un étranglement de son qui se produit au milieu du gosier et dont on ne peut guère se rendre compte qu'en entendant le miaulement du chat. Du reste la description technique que Czermak a faite de la prononciation de cette lettre et que cite Max. Müller me paraît vraie.

2. — SUR LA RACINE CHINOISE *tse* DANS LE MOT *gitse* (SIGNIFIANT *jour* DANS LE CHINOIS MODERNE, ET *fils du soleil* DANS LE CHINOIS PRIMITIF.)

« Dans le chinois, dit Max. Müller [2], chaque mot est

1. Cours de 1863, huitième leçon, p. 367.
2. P. 170.

une racine avec sa signification indépendante. » Ainsi là où nous disons en latin *baculo*, avec un bâton, nous disons en chinois *y cáng*. Dans cette expression, on pourrait prendre *y* pour une simple préposition, comme le français *avec;* mais en chinois *y* est une racine. C'est le même mot qui, employé comme verbe, signifierait *se servir*. En chinois donc *y cáng* signifie littéralement : se servir de bâton. Ou bien encore, là où nous disons *à la maison*, en latin *domi*, les Chinois disent uo-li; *uo* signifiant maison, et *li* intérieur. » Max. Müller emprunte ces détails à la grammaire chinoise de M. Endlicher.

Le mot pour *jour* est en chinois moderne *gitse*, primitivement *fils du soleil*. A l'occasion de ce mot *gitse*, Max. Müller cite au bas de la page une note de M. Stanislas Julien ainsi conçue :

« Dans le mot *gitse*, *tse*, *tseu* ne signifie pas *fils*. C'est une addition qui se rencontre souvent après les noms, les adjectifs et les verbes.

Ainsi :

Lao,	vieux	+ tseu,	signifie	père,
Neï,	l'intérieur	+ tseu,	—	femme,
Triang,	odeur	+ tseu,	—	le clou de girofle,
Hoa,	mendier	+ tseu,	—	un mendiant,
Hi,	jouer,	+ tseu,	—	un acteur.

On trouve dans la note de M. Stanislas Julien cette affirmation précise, absolue, que dans le mot *gitse*, la racine *tse*, *tseu* ne signifie pas *fils*.

Cependant il est certain que dans un grand nombre de cas, cette racine signifie fils, enfant, progéniture, produit. Il est certain aussi que *gi* signifie *soleil* et qu'il a dû paraître naturel à Max. Müller de donner à la racine *tse* du mot *gitse* la signification de *fils*. Ne pourrait-on même pas donner le sens de *fils* à *tseu* dans les cinq exemples ci-dessus de la note de M. Stanislas Julien ?

3. — SUR LE MOT ASTI (IL EST) [1].

« Dans la terminaison de l'anglais *he is*, et dans les deux mots qui terminent le mot français, *il est*, nous reconnaissons, dit Max. Müller, le résultat d'un acte accompli une fois pour toutes, avant la dispersion de la race aryenne, et dont les effets se sont perpétués jusqu'à nos jours : la combinaison de la racine attributive *as* avec la racine démonstrative *ti* (*asti*). »

Je crois, en effet, que le sanscrit *asti*, *as-ti* répond à l'anglais *he is*, au français *est es-t*, au grec ἐστὶ ἐσ-τὶ et à plusieurs mots de ce genre que l'on trouve dans d'autres langues indo-européennes.

Il y a dans ces mots deux racines dont la première *as*, *es*, semble bien avoir la signification primitive du pronom *il*, *ce* (*is*, *ea*, *id*), et la seconde *t*, *ti*, la signification

1. P. 362, huitième leçon de 1863.

de *lui*, de sorte que le mot entier, *asti*, *esti*, paraîtrait devoir signifier *celui*, *celui-ci*, *celui-là*, *ceci*, *cela*. Mais alors *asti* serait la combinaison de deux racines essentiellement *pronominales*. Or, de ces deux racines *as ti*, quelle serait l'attributive? Quelle serait la démonstrative? Si *as* signifie *ce*, *il*, et si *t*, *ti*, signifie *lui*, ce serait comme si l'on se demandait quelle est dans le mot français ce-lui, la racine attributive et la racine démonstrative.

Quelle que fût la réponse à cette question, il resterait encore à se demander comment un mot, composé exclusivement de deux pronoms, a pu finir par devenir un verbe (le verbe être), et si cette transformation d'un pronom en verbe n'a pas été l'œuvre de quelque grammairien empirique, ayant oublié ou méconnu le véritable sens primitif des deux racines du mot *asti*.

Peut-être ne serait-il pas tout à fait sans intérêt de répondre à cette question.

4. — SUR LE PRÉTENDU PARTICIPE PRÉSENT DE LA LANGUE BASQUE [1].

Max. Müller a examiné la question de savoir si dans certaines langues, l'idée exprimée par le *participe pré-*

1. Cours de 1861, première leçon, p. 24.

sent peut être rendue par le *cas oblique d'un nom verbal.*

« Prenons, dit-il, le basque, qui n'est certainement ni un idiome aryen, ni un idiome sémitique, et qui a donné une plus grande exubérance de formes verbales que presque aucune langue connue. Ici l'indicatif présent est formé à l'aide du suffixe *an*, dont on se sert aussi pour former le cas locatif des noms par exemple : *mendia*, la montagne ; *mendiaz*, de la montagne (à monte) ; *mendian*, dans la montagne, etc.

Si maintenant nous examinons le verbe

Eror*ten*	niz	je tombe,
Eror*ten*	hiz	tu tombes,
Eror*ten*	da	il tombe,

nous voyons dans *erorten* un locatif ou, ainsi qu'on l'appelle, un cas positif du substantif verbal *erorta*, dont la racine serait *eror*, tomber, de sorte que la forme du verbe basque, *erorten niz*, ne signifie pas je tombe, mais bien *je suis dans le tomber*, ou dans l'*acte de tomber.* »

A l'appui de cette opinion, Max. Müller cite en note un passage de la dissertation de M. l'abbé Darrigol sur la langue basque, où ce savant et modeste grammairien philosophe démontre, d'une manière aussi lucide que profonde, la non existence du participe présent basque et même des verbes concrets ou attributifs, tel que aimer, tomber, etc., qui pour lui ne sont tous, ni plus ni moins, que de véritables noms; mais n'ayant pas de formes *verbales* et partant ne se conjuguant pas. M. l'abbé Darrigol semble même vouloir aller plus loin; car dans un autre passage de sa dissertation [1], il paraît disposé à croire qu'il n'y a pas même de verbe substantif (être) dans la langne basque et que les mots *niz*, *hiz*, *da*, traduits communément par *je suis*, *tu es*, *il est*, ne sont réellement que des pronoms personnels n'ayant d'autre sens que celui de *moi*, *toi*, *lui*. Les Basques traduisent mot à mot :

Erort-en	niz	par dans le tomber-moi,
Erort-en	hiz	— dans le tomber-toi.
Erort-en	da	— dans le tomber-lui.

Je suis très-partisan de cette opinion, et je pense que la langue basque n'a pas plus de verbe *être* que la langue algonquine et beaucoup d'autres langues américaines, touraniennes, polynésiennes, etc. Je ne serais pas même étonné qu'un jour la philologie comparée ne parvînt à constater qu'à l'origine des langues indo-européennes elle-mêmes, le verbe *être* n'existait pas et que les mots *asmi*, *asi*, *asti* n'avaient nullement alors le sens d'*exister* ou d'*être*, mais seulement celui de pronoms personnels démonstratifs.

Quoi qu'il en soit, la question mérite d'être approfondie, notamment dans l'intérêt de la langue basque,

1. P. 110.

car s'il venait à être prouvé que cette langue n'a point de verbe et par conséquent de conjugaison possible, on ne pourrait pas dire, comme Max. Müller, qu'elle a donné une *plus grande exubérance de formes verbales que presque aucune langue connue*.

La belle simplicité de la langue basque tient, selon moi, à ces deux points principaux :

1° Elle n'a qu'une seule déclinaison pour tous ses noms, ses pronoms et ses adjectifs, dont les cas assez *variés* la dispensent d'articles, de prépositions et d'adverbes isolés.

2° Elle a un système de pronoms démonstratifs d'une simplicité que l'on pourrait appeler savante si elle n'était pas si naturelle, et qui dispense de l'emploi de verbes. Ainsi, au lieu d'avoir, comme nos langues modernes, neuf parties du discours, la langue basque n'en a que trois : le nom, le pronom, et l'adjectif. Ces trois sortes de mots lui suffisent pour se faire admirablement comprendre.

Mais le génie philologique de cette langue, aussi intéressante que la nation qui la parle, n'a été encore aperçu que par le savant et modeste abbé Darrigol, les autres ne l'ont pas même soupçonné.

Nous terminons ici l'exposé des principales idées qui se trouvent dans le livre de Max. Müller sur la science du langage ; il y a traité bien d'autres sujets intéressants que nous sommes forcés de négliger. Nous avons à peine donné un aperçu des connaissances variées de cet orientaliste qui est encore un philologue d'une haute portée et un ingénieux et profond mythologue. A l'érudition, à la patience d'investigation des Allemands et des Anglais, il a su joindre la clarté, l'esprit de méthode, le positivisme des Français.

C'est par un travail incessant, une ardeur sans égale que Max. Müller est parvenu à ce haut degré de culture intellectuelle. Dans ses livres, on est transporté comme en une atmosphère sereine où plane le génie de la science. Là, pas de mesquines questions de personnes, de rebutantes polémiques, d'accès de jalousie. Il faut voir dans quels termes touchants il parle de son maître, Eugène Burnouf. C'est qu'il y a en Max. Müller une nature d'élite.

A part quelques *roquets*, frottés de philologie, qui se sont mis à japper en voyant grandir cette renommée, on peut dire qu'en France, les vrais savants ont acclamé Max. Müller comme le continuateur de Leibniz, lui ont donné droit de cité dans la métropole où l'on sacre les savants et les grands artistes. L'Occident s'occupe à lui tresser une couronne.

Allemagne! patrie féconde, envoie-nous encore de tes enfants, si bien doués. Tu sais ce qu'en fait la France: des hommes! Vois la destinée de tes purs génies: Gœthe, Jean-Paul, A. Humboldt; au contact de la terre sacrée, ils ont ceint le nimbe de l'immortalité.

S. MUNK

Munk (Salomon), orientaliste français, né à Gross-Glogau, dans la Silésie prussienne, le 2 mai 1803, mort à Paris le 6 février 1867, était fils d'un pauvre servant de synagogue. Il perdit son père pendant son enfance. Sa mère, digne et pieuse femme dont il était le fils unique, dirigea avec amour son éducation. Quant à son instruction élémentaire, il la puisa dans l'école rabbinique de sa ville natale, sous la direction d'un homme simple et bon, dont il aimait à retracer les mœurs patriarcales et qui lui envoya plus tard, au moment de son mariage, le titre de *Morenou* [1] (notre maître). Après avoir appris les éléments de l'hébreu et des livres saints, il suivit les cours supérieurs du Talmud chez le rabbin de sa ville, Rabbi Jacob-Joseph Œttinger, jusqu'au moment où ce docteur distingué fut appelé à Berlin.

1. C'est le titre des rabbins modernes.

La lecture de la Bible dans la synagogue de Glogau fut la première fonction publique qui lui fut dévolue, au moment où il cessait à peine d'être enfant. Il s'en acquitta à la satisfaction de tout le monde.

A l'âge de dix-sept ans, il quitta Glogau pour suivre à Berlin son ancien professeur de théologie juive. « Il fit, dit M. Franck[1], le voyage à pied, n'ayant pas de quoi payer sa place dans une voiture publique, et il donna des leçons du peu qu'il savait, pour faire face à ses besoins. C'est par le même moyen qu'il se trouvait en état de s'acquitter de la rétribution scolaire envers le gymnase, c'est-à-dire envers le collége qui lui enseignait le grec et le latin. Au reste s'il travaillait beaucoup, il savait vivre de peu ; la pauvreté, cette dure institutrice qui a rarement manqué aux hommes supérieurs, lui enseigna le grand art de se suffire. Il n'était pas seulement son propre valet de chambre, mais aussi son cuisinier. Du gymnase d'où il emporte les plus brillants témoignages, il passe à l'Université, s'arrête quelque temps au pied de la chaire de Hégel, dont son âme religieuse n'a jamais pu goûter les doctrines, prête une oreille plus attentive aux leçons de Bœck, et de Bopp, le plus illustre représentant de la grammaire comparée, puis se rend à Bonn, attiré par la réputation des Freitag, des Lassen, des Schlegel, pour s'appliquer particulièrement aux langues orientales.

1. Discours d'obsèques.

» Il était certainement assez instruit pour remplir dans son pays les fonctions de *privat docent* ou de *professeur extraordinaire*, comme qui dirait d'agrégé et de professeur suppléant. Mais le gouvernement prussien, au nom d'une religion fondée sur la charité et le libre examen, lui ferma l'entrée de toutes les carrières publiques. Nous n'avons pas le droit de lui en vouloir de cet acte d'intolérance devenu heureusement impossible dans la Prusse libre et constitutionnelle de nos jours, car il a fait de Munk notre concitoyen : il a donné à la France un savant illustre que non-seulement la Prusse, mais que l'Allemagne entière lui envie.

» C'est en 1828 que Munk arrive à Paris, et tout en étudiant simultanément trois langues de l'Orient : l'arabe, sous la direction de S. de Sacy, le sanscrit avec Chézy, le persan avec Quatremère, il se procurait les moyens de vivre en donnant des leçons comme à Berlin, et en fournissant des travaux d'érudition et des articles critiques à différents organes de la presse. En 1838, il entrait en qualité d'employé à la Bibliothèque impériale, où son passage a laissé une trace ineffaçable dans les précieuses notices qu'il rédigea sur les manuscrits hébreux. Pourvu d'un traitement de 900 francs, il trouva le secret, étant déjà marié à la femme de cœur qui a été jusqu'à son dernier jour sa consolation, son orgueil et sa force, de faire une rente de 1,200 francs à sa mère. On aura pénétré le mystère de ce nouveau système d'économie domestique, quand on saura qu'il avait la plume à la main ou qu'il était entouré d'élèves depuis quatre heures du matin jusqu'à dix heures du soir.

» Cette journée si bien remplie, ces modestes revenus si pieusement dépensés ne l'empêchaient pas d'exercer la plus délicate bienfaisance, de répandre autour de lui tout à la fois l'aumône matérielle qui passe de la main à la main et l'aumône spirituelle de la parole. Pendant un certain nombre d'années, il fit un cours gratuit d'instruction religieuse à l'usage des enfants.

» En 1840, après l'horrible exécution de Damas, dernière libation de sang humain réclamée et obtenue par le fanatisme du moyen âge, il accompagna M. Crémieux en Égypte, traduisit en arabe, sans préparation, ses brillantes improvisations françaises et contribua à fonder des écoles, à inspirer le goût du travail, à réveiller le sentiment de la dignité humaine chez des populations avilies par la servitude, et à établir comme un trait d'union entre les Israélites de l'Orient et ceux de l'Occident. »

Nous avons tenu à consigner ici cette page éloquente du discours de M. Franck, parce qu'elle contient quelques détails intimes qui nous font connaître Munk sous un aspect peu connu. Pendant son séjour en Égypte, il fit l'acquisition d'une petite collection de manuscrits orientaux, très-précieuse, pour la Bibliothèque impériale. Ce fut en 1842 que, dans ses recherches à la Bibliothèque, il découvrit le manuscrit contenant la description de l'Inde par *El Birouny* (Voy. *Journ. asiat.*, 1843, vol. I, p. 384).

Secrétaire pendant longtemps du Consistoire central des Israélites, il en devint membre.

Après avoir, pendant dix années, étudié et classé les manuscrits orientaux de la Bibliothèque et mené cette vie de labeur dont nous avons parlé, il fut atteint du plus affreux malheur qui puisse frapper un érudit : il perdit la vue et fut obligé de quitter la Bibliothèque vers 1847. Le courage qu'il avait montré toute sa vie ne l'abandonna pas, et il conserva, au milieu de ces ténèbres qui enveloppèrent sa vie pendant près de vingt ans, une sérénité inaltérable. Ce fut alors qu'il commença, à l'aide d'un secrétaire qui lui lisait et qui écrivait sous sa dictée, la série des travaux les plus étonnants qu'un homme privé de la vue ait jamais entrepris.

En 1858, il fut reçu membre de l'Académie des Inscriptions. « On put voir alors, dit M. Mohl[1], dans les discussions les plus variées que le hasard des lectures amenait, combien le savoir de Munk était sûr et étendu, et avec quelle promptitude sa mémoire lui fournissait les preuves de ce qu'il avançait et les paroles mêmes des auteurs qu'il citait. On comprit alors quels trésors d'érudition il avait amassés et comment il était possible à un homme tout à fait aveugle de composer des ouvrages qui paraissaient exiger l'aide constante des yeux les plus infatigables. »

1. Rapport de juillet 1857, à la *Société asiatique*, p. 31.

Nommé à la chaire d'hébreu du Collége de France, la plus ancienne de cet établissement, on voyait le spectacle touchant d'un professeur aveugle qui faisait écrire par un assistant les textes qu'il expliquait et qu'il commentait avec tous les développements et toute la précision possibles. Très-impartial dans ses interprétations, quand on lui reprochait de pencher pour les idées judaïques, il disait : Voilà comment on explique dans la synagogue, voilà ce que les catholiques pensent, choisissez.

De la vie intime et officielle de Munk, passons à sa vie intellectuelle, parcourons la galerie de ses œuvres.

Les articles qu'il publia dans le journal le *Temps* sont les suivants :

1. *De la Poésie hébraïque après la Bible* (Influence chaldaïque et perse), 27 décembre 1834 ; *id.* (influence arabe), 19 janvier 1835.

2. De la poésie arabe et en particulier des séances de Hariri, 4 mars 1835.

3. De la poésie persane, 14 mars 1835.

4. Littérature orientale : *les Aventures de Kamrup*, 20 et 21 avril 1835.

5. Poésie orientale : Fragment d'un roman persan de Djami, 2 et 10 juillet 1835.

6. Fragments de littérature sanscrite, 24 et 26 janvier 1836.

7. Littérature : *Takhlis al-ibriz fi telkhis Baris*, 14 février 1836.

8. Essai sur la philosophie des Indous par Colebrooke, 9 et 26 août 1836.

9. La Bible de M. Cahen, 19 mai et 1er octobre 1836.

10. Sur la *Vie de Jésus* par Strauss, 5 octobre 1836.

11. Rapports de la philosophie des Grecs avec celle des Indous, 7 octobre 1836.

12. Les œuvres de Wali, traduites par M. Garcin de Tassy, 8 décembre 1836.

13. Sri Mahabharatam, 26 décembre 1836.

14. *Histoire de la philosophie* par Henri Ritter, traduction Tissot, 1er avril et 8 août 1837.

15. *Mahabharata*, 3 février 1838.

16. *Exposé de la religion des Druzes*, par S. de Sacy, 2 mars 1838.

Il y aurait un volume fort intéressant à faire de tous ces articles, réunis sous le titre de *Mélanges littéraires*. C'est à la main intelligente et dévouée d'un ami que cette tâche incombe.

Dans la *France littéraire* de novembre 1834, l'article d'*Aristote* est de lui.

Dans le *Dictionnaire de la conversation*, on trouvera de lui un certain nombre de notices d'un intérêt secondaire; car ce sont des travaux de vulgarisation, des résumés à l'usage des lettrés. Il en est de même de quelques articles insérés dans l'*Encyclopédie nouvelle* de Pierre Leroux et Jean Reynaud : Alfarabi, Algazali, Alkendi, Averroès, Avicenne, etc. On lui doit la partie de l'article *Arabie*, concernant la langue, la littérature et la philosophie arabes. Ces notices furent plus tard développées par lui dans le *Dictionnaire des sciences philosophiques* de M. Franck, où il en publia aussi de nouvelles : *Juif*, *Avicebron*, *Cabbale*, *Léon Hébreu*, etc. Plus tard un volume, dont nous parlerons tout à l'heure, réunit avec des modifications, des notes, etc., la plupart de ces divers écrits préparatoires.

La Bible de J. Cahen contient quelques travaux importants d'exégèse dus au savoir de Munk :

17. Volume II. Examen de plusieurs critiques du Ier volume.

18. Volume IV. Réflexions sur le culte des anciens Hébreux dans ses rapports avec les anciens cultes de l'antiquité, pour servir d'introduction au Lévitique et à plusieurs chapitres des *Nombres*. Ce volume renferme aussi le cinquième livre des *Lois de Manou* traduit littéralement du sanscrit avec notes.

19. Volume IX. Notice sur Rabbi Saadia Gâon et sa version d'Isaïe, et sur une version persane manuscrite de la Bibliothèque impériale.

20. Volume XII. Commentaire de Rabbi Tan'houm de Jérusalem, du XIIIe siècle, sur le prophète Habakkouk, publié en arabe avec une traduction française et des notes.

Dans les *Israelitische annalen* de M. Jost, année 1841, nos 10 et 11, il a parlé du commentaire sur la Bible de Iepheth, appelé en arabe Abou-ali Hasan Ben ali al-Basri.

En 1846, il publia dans *Literaturblatt des Orients*, n° 46, une dissertation sur l'identité du traité d'Ibn-Gébirol et du célèbre *Fons vitæ*.

Ses travaux dans le *Journal asiatique* sont énumérés ci-après :

21. *Essai d'une traduction française des séances de Hariri*, 1834, vol. XIV, p. 540.

Dans cet article, après quelques considérations intéressantes sur la poésie arabe, comparée à la poésie hébraïque, Munk donne la traduction de la 1re et de la 3e *Makama*. A l'imitation de F. Rückert, il essaya dans sa traduction d'imiter la forme de l'original arabe. Cette forme consiste en une prose rimée, entremêlée de vers. Si la langue allemande peut se prêter à rendre le parallélisme des phrases de l'auteur arabe, en français on ne peut pas se donner la même liberté. Aussi, malgré toutes les peines que Munk prit pour rendre ce texte, idées et phraséologie, ce qui était un véritable tour de force, son essai ne plut pas beaucoup, et il abandonna son projet de publier un choix des *Séances de Hariri*.

22. *Notice sar Rabbi Saadia Gâon*, 1839, vol. VII, p. 179; vol. VIII, p. 91.

Saadia est un célèbre grammairien hébreu du xe siècle.

23. *Notice sur Joseph ben-Iehouda*, 1842, vol. XIV, p. 5.

Notice très-curieuse sur le plus grand disciple de Maïmonide, et qui était à la fois philosophe, médecin et poëte renommé. C'est un chapitre fort intéressant sur la situation des philosophes juifs au XIIIe siècle : la grande figure de Maïmonide s'y reflète, sous un jour tout nouveau. Dès cette époque, Munk commençait à réunir les éléments de son grand ouvrage sur Maïmonide.

24. *Lecture de l'inscription phénicienne de Marseille,* 1847, vol. X, p. 473.

Son interprétation est restée la meilleure qu'on ait donnée de ce monument. Ses commentaires sont des modèles de critique.

25. *Notice sur Abou' l-walid Merwan Ibn-Djanah* et sur quelques autres grammairiens hébreux du Xe et du XIe siècle, suivie de l'introduction du *Kitab al-luma* d'Ibn-Djanah, en arabe, avec une traduction française; 1850, vol. XV, p. 297; XVI, p. 5, 200, 353; notes complémentaires, 1851, vol. XVII, p. 85.

Dans cette notice, Munk constate que le grand ouvrage d'Ibn-Djanah, qui est resté inédit, a été la source où ont puisé, dans la suite, tous les grammairiens et les lexicographes, et notamment le célèbre David Kim'hi. Ces travaux de Munk sont d'un grand intérêt pour l'histoire de la grammaire hébraïque et font voir l'influence que l'étude de la grammaire arabe exerça sur les travaux des grammairiens hébreux. On trouve également dans cette notice, pleine d'une érudition variée et solide, des détails importants sur un homme de lettres, grammairien,

Samuel ha Naghid. Munk donne l'analyse de la grammaire d'Ibn Djanah.

26. Compte rendu de la *Nouvelle Grammaire hébraïque raisonnée et comparée* de M. Klein, rabbin à Durmenach. Mulhouse, 1846, in 8°; 1850, vol. XVI, p. 151.

Si l'on voulait énumérer les titres de toutes les grammaires hébraïques publiées dans les différentes langues de l'Europe, on ferait un volume. Toutefois, Munk signalait celle-là, comme méthodique et très-utile à des élèves désireux de connaître tous les principes de cette langue, nécessaire pour l'intelligence des textes sacrés. Il fit quelques observations critiques sur cette grammaire.

27. *Essai sur l'inscription phénicienne du sarcophage d'Eschmoun-ézer*, roi de Sidon; 1856, vol. VII, p. 274.

C'est le premier monument phénicien trouvé sur le sol même de la Phénicie, le plus important de tous, tant par l'étendue de son inscription que par les renseignements précieux qu'il donne sur la structure de la langue phénicienne et sur ses intimes rapports avec l'hébreu. A cette époque Munk avait perdu totalement la vue. Il fut donc obligé de se faire lire les différentes transcriptions hébraïques pour pouvoir aborder l'interprétation de ce monument. Il semble qu'au milieu de la nuit où il vivait, Munk ait doublé les facultés intuitives et pénétrantes de son esprit. Il publia une transcription en caractères hébreux, accompagnée d'une traduction en hébreu biblique, qui, d'après lui, ne diffère du phénicien que par un très-petit nombre de mots et de formes grammaticales. Il traduisit l'inscription et la commenta longuement avec cette sûreté scientifique qu'on lui connaît.

Nous venons de voir dans cette longue énumération de travaux la variété et la solidité des connaissances de Munk et nous n'avons pas encore parlé de ses trois plus importants ouvrages, des trois livres qui ont fait sa réputation et dont nous allons faire un examen rapide.

28. *La Palestine.* — Description géographique, historique et archéologique; 1845, in-8°, 704 pages, avec cartes et gravures. Ce colume fait partie de l'*Univers pittoresque*.

Ce livre comprend d'abord une description de l'état physique et topographique de la Palestine, traite des anciens habitants païens avant et après l'invasion des Hébreux sous Josué, de leur histoire, des antiquités hébraïques ou de la civilisation des anciens Hébreux, fait connaître l'histoire de la Palestine et des Juifs depuis l'exil de Babylone jusqu'à la destruction de Jérusalem par les Romains, et se termine par un appendice où l'auteur jette un coup d'œil sur les événements arrivés en Palestine depuis la destruction de Jérusalem jusqu'à nos jours. C'est un véritable cours d'hébraïsme où, sous une forme abrégée, Munk nous a exposé ses vues sur l'histoire et la littérature des Hébreux. On sent à chaque pas que le savant orientaliste ne nous révèle pas tout ce que ses longues et profondes études lui avaient appris sur l'histoire des temps classiques du peuple juif. De Moïse à

Olinde Rodrigues, mesurez donc le pas de géant qu'a fait la Raison. Avec le premier nous avons le peuple *élu*, le peuple juif, l'égoïsme-nation ; avec le dernier une immense communion des peuples, se réalisant progressivement à la lueur du flambeau de la science.

29. *Mélanges de philosophie juive et arabe*, 1859, in-8°, 532 pages, plus 72 pages de texte hébreu.

Ce volume, qui reproduit, avec des additions et rectifications, divers articles insérés dans le *Dictionnaire des sciences philosophiques* de M. Franck, renferme des extraits méthodiques de la *Source de vie* de Salomon Ibn-Gébirol (dit Avicebron), traduits en français sur la version hébraïque de Schem-tob Ibn-Falaquera, et accompagnés de notes critiques et explicatives ; un mémoire sur la vie, les écrits et la philosophie d'Ibn-Gébirol ; des notices sur les principaux philosophes arabes et leurs doctrines, et une esquisse historique de la philosophie chez les Juifs.

Ibn-Gébirol, l'Avicebron des scolastiques, naquit à Malaga vers 1025. Il cultiva la poésie et la philosophie. D'après Munk, c'est le restaurateur de la poésie hébraïque au moyen âge. Ses poésies ont le souffle lyrique. Saint Thomas d'Aquin et Albert-le-Grand considèrent Avicebron comme le premier qui ait attribué une matière à l'âme et aux autres substances simples, et cette doctrine a été regardée comme le point principal du système d'Avicebron. On ne peut cependant pas dire qu'Ibn-Gébirol s'avoue ouvertement panthéiste, ni qu'il admette la création comme l'entendent, en général, les théologiens juifs; mais il flotte constamment entre les deux systèmes. L'influence des doctrines d'Aristote et des néoplatoniciens se montre partout dans sa philosophie, empruntée en substance aux Alexandrins. « Il serait intéressant, dit Munk 1, d'examiner le rôle que joue le livre d'Ibn-Gébirol dans l'histoire du panthéisme et de poursuivre les transformations qu'a subies sa doctrine pour aboutir par une pente naturelle au système de Spinosa. »

C'est un grand service qu'a rendu Munk à l'histoire de la philosophie, si incomplétement et faussement présentée jusqu'ici pour ce qui a rapport aux Arabes et aux Juifs, en mettant en lumière le *Fons vitæ*. La figure douce, résignée et ardente au fond d'Ibn-Gébirol, devait plaire à la tournure d'esprit de Munk. Comme lui, le philosophe juif cherchait dans le monde des idées l'oubli d'une triste réalité.

C'est une étude étrange que celle de cette philosophie arabe et juive, *ultra-métaphysique*, qui a donné naissance à la scolastique européenne. N'est-ce pas un spectacle imposant que l'homme nous offre, quand il cherche par les seules forces de son cerveau, par l'analyse des facultés de son esprit, à résoudre le problème de la création. Il veut d'un suprême *a priori* faire sortir l'explication des phénomènes qui l'entourent. Aussi quelles récoltes les

1. P. 292.

hommes d'*a posteriori* n'ont-ils pas faites après ces gigantesques efforts des philosophes du moyen âge? Astronomes, chimistes, physiciens, mathématiciens, souvent ivres d'orgueil, tournez la tête, et, à travers les siècles, inclinez-vous devant vos maîtres, les philosophes arabes et juifs qui ont préparé vos découvertes.

Dans le livre qui nous occupe ici, Munk est revenu sur la comparaison qu'il a faite dans plusieurs de ses écrits, entre la poésie hébraïque et la poésie arabe [1]. Il donne la supériorité à la première. Je ne sais jusqu'à quel point on peut comparer deux poésies tout à fait différentes et donner le pas à l'une sur l'autre. Chacune a sa valeur propre. Au poëte hébreu le lyrisme plaintif, au poëte arabe le lyrisme réaliste. Aux poésies d'Ibn-Gébirol, on peut opposer celles d'Ibn-Charif sur les malheurs des Arabes d'Espagne. Peut-on comparer le jour à la nuit, la joie à la tristesse, le rire aux larmes, le chant au plain-chant, l'élégie à la chanson? La poésie arabe est une poésie *de genre*, comme il y a une peinture de ce nom. Si vos poëtes hébreux sont des *Raphaëls*, ne dites pas que les *Téniers* sont sans talent.

Après ses extraits du *Fons vitæ* et sa dissertation sur la vie et les écrits d'Ibn-Gébirol, Munk a fait connaître les caractères généraux de la philosophie arabe, donné sur les principaux philosophes, Al-Kendi, Al-Farabi, Ibn-

1. P. 156 et suiv.

Sina, Al-Gazali, Ibn-Badja, Ibn-Tofaïl, Ibn-Rochd, des détails biographiques et signalé les points principaux de leur doctrine, en recourant aux sources authentiques. Les recherches de notre savant et profond orientaliste réduisent à leur juste valeur toutes ces fables débitées sur les philosophes arabes par Léon l'Africain, Brucker et autres historiens de la philosophie venus après eux. Ritter même ne peut être consulté qu'avec précaution sur ces matières, quoique cependant il se soit efforcé de mettre en œuvre les travaux des orientalistes. Avons-nous maintenant avec le livre de Munk et ceux qui ont été publiés dans ces dernières années, une idée satisfaisante et bien nette de la philosophie arabe? Nous ne le pensons pas. Les principaux ouvrages des philosophes arabes sont encore à traduire; nous ne les connaissons que par leurs titres, par des fragments et quelques vieilles traductions. Munk reconnaissait lui-même qu'un ouvrage spécial et complet sur la philosophie arabe était encore à faire [1]. Du reste il aura éclairé la route à ses successeurs par ses savantes gloses et ses brillantes indications.

La dernière partie de son volume est consacrée à une esquisse de la philosophie chez les Juifs. Dans cette remarquable étude, Munk établit que les philosophes juifs d'Ègypte et de Palestine exercèrent leur influence sur le néoplatonisme d'un côté et la gnose de l'autre. Leurs

1. P. 337, *Mélanges.*

travaux pour opérer une fusion entre les idées de l'Orient et celles de l'Occident leur font une place dans l'histoire de la philosophie; mais il n'y a pas de *philosophie juive* proprement dite. Les Juifs ne peuvent revendiquer que le mérite d'avoir été l'un des chaînons intermédiaires par lesquels les idées spéculatives de l'Orient se sont transmises à l'Occident. A une autre époque, ce fut par les traductions des Juifs, traduites à leur tour en latin, que les ouvrages des philosophes arabes et même en grande partie les écrits d'Aristote arrivèrent à la connaissance des scolastiques. On trouve dans cette partie du livre de Munk de curieux détails sur la part que prirent les Juifs de Provence dans ce mouvement intellectuel.

Nous venons de tracer à grands traits l'esquisse du livre de Munk, et ce que nous en avons dit suffit pour en faire apprécier l'importance; mais il nous serait difficile de donner une idée des richesses que son érudition y a accumulées.

30. *Le Guide des Egarés* (Moré Nebouchim), de Maïmonide, texte arabe publié pour la première fois et accompagné de notes critiques, historiques et explicatives. 3 vol. grand in-8°; Paris, 1856-1866.

La publication du texte et la traduction de ce fameux traité de théologie et de philosophie est la plus grande entreprise littéraire de Munk et la plus surprenante qu'un savant aveugle ait pu tenter.

Moïse ben Maïmoun, dit *Maïmonide*, était un des plus

grands esprits du XIIe siècle, né en 1135 et mort en 1204. Élevé à Cordoue, où il fut obligé avec sa famille de faire une profession de foi musulmane, il n'en continua pas moins le cours de ses brillantes études rabbiniques. Il résida au Caire la plus grande partie de sa vie, protégé par Saladin et ses successeurs dont il était le médecin. Ce fut en Égypte qu'il composa ce *Guide des Égarés* qui porta si haut sa renommée. Maïmonide a voulu dans ce livre réconcilier le judaïsme et la philosophie. Il avait bien les conditions requises pour une œuvre aussi difficile. A la connaissance la plus approfondie de la vaste littérature religieuse des Juifs, il joignait celle de toutes les sciences des Arabes. « Il fut le premier, dit Munk [1], à introduire un ordre systématique dans les masses informes et gigantesques des compilations talmudiques, à établir l'édifice religieux du judaïsme sur des bases fixes, et à énumérer les articles fondamentaux de la foi. Offrant ainsi le moyen d'embrasser l'ensemble du système religieux, il put, sinon réconcilier entièrement la philosophie et la religion, du moins opérer un rapprochement entre elles, et, en reconnaissant les droits de chacune, les rendre capables de se contrôler et de se soutenir mutuellement. Il ne nous appartient pas de décider ici jusqu'à quel point les efforts de Maïmonide ont été utiles au développement de la théologie judaïque ; sous le rap-

1. P. 486, *Mélanges*.

port philosophique, son *Guide des Égarés*, bien qu'il n'ait pas produit de ces résultats directs qui font époque dans l'histoire de la philosophie, a puissamment contribué à répandre de plus en plus parmi les Juifs l'étude de la philosophie péripatéticienne, et les a rendus capables de devenir les intermédiaires entre les Arabes et l'Europe chrétienne, et d'exercer par là une influence incontestable sur la scolastique. »

Ces tentatives pour réconcilier deux sœurs ennemies, la foi et la raison, partent d'un sentiment généreux, respectable : on craint de jeter le trouble dans les consciences en substituant brusquement une croyance à une autre ; mais ces tentatives sont toujours demeurées stériles. Qui songe à la fameuse déclaration de la Congrégation de l'Index à Rome, en 1855 ? C'est qu'en effet quand un dogme a fait son temps, il faut le remplacer par un autre, ou du moins il faut donner du vieux dogme une interprétation nouvelle, qui le rajeunisse et le mette en harmonie avec les besoins de l'époque où l'on vit. Sans cela les sociétés s'immobilisent, ou plutôt elles rétrogradent, elles meurent. Le comprendre est la mesure du croire, a dit Abeilard. Là, est la base de toutes les théodicées.

Le livre de Maïmonide, rédigé en arabe, était connu par deux traductions, l'une en hébreu faite par Tibbon, disciple de Maïmonide, et l'autre par Buxtorf sur la traduction d'Ibn Tibbon. La découverte de l'original, écrit en arabe, devait faire naître chez Munk le désir d'en publier une édition digne de la célébrité de l'auteur et de l'état actuel de la science. On comprend que Munk ait été attiré par la nature du sujet; on pourrait presque dire qu'il est un peu le Maïmonide du XIXe siècle, et le traducteur se trouvait au niveau de l'auteur lui-même. Car Munk resta toute sa vie fidèle à la philosophie rationnelle; mais il y avait chez lui une telle tolérance, un si grand respect pour les croyances de ses coreligionnaires, que si, au XIXe siècle, la tentative de Maïmonide avait pu se renouveler, Munk l'aurait peut-être tentée. Écoutons ce que nous dit M. Franck [1], au moment où Munk fut nommé membre du Consistoire :

« Partisan de la plus complète liberté en matière de critique religieuse ; ne reconnaissant que la lumière de la raison, la lumière qui résulte de la philologie ou de l'histoire, dans l'interprétation des textes bibliques, il se montrait d'une extrême timidité dans la voie des réformes. C'est qu'en véritable archéologue qu'il était, tout ce qui portait le cachet de l'antiquité lui était cher. Il y voyait comme une ruine vénérable, bonne à conserver parmi les monuments historiques. Peut-être aussi pensait-il que les réformes, même les plus innocentes en matière religieuse, doivent venir de la foi elle-même, à laquelle il faut laisser le soin de s'éclairer de sa propre lumière et d'avancer de son propre mouvement. »

1. Discours d'obsèques.

Ces paroles nous donnent de Munk un portrait des plus fidèles. La bienveillance qui était le fond de sa nature, les luttes qu'il avait soutenues avec énergie contre la pauvreté, la science de bon aloi qu'il avait acquise par ces labeurs si durs qui lui ravirent la vue, la sérénité qui ne cessa de rayonner sur sa figure pendant sa *captivité* dans les ténèbres, et au dessus de tout cela la saine philosophie qu'il avait puisée dans les lumières de la raison et qui l'avait fait *homme*, tout concourait pour en former un être sympathique : le Juif était parvenu à se faire aimer.

Les ouvrages sur la philosophie arabe dans lesquels il a enfoui tant de savantes recherches contribueront puissamment à éclairer l'importante question de la transmission des sciences de l'antiquité à l'Europe. Ses travaux serviront de jalons lumineux quand, dans un ouvrage d'ensemble, on tentera de tracer la marche de l'esprit humain depuis l'éclipse de la philosophie grecque, c'est-à-dire de cette période de l'histoire des idées, où les Arabes seuls portaient le flambeau de l'intelligence qui, en illuminant les temps confus du moyen âge, a projeté son rayonnement sur les temps modernes.

PAUTHIER

Pauthier (G.), orientaliste français, né à Besançon vers 1800, suivit pendant quelques années la carrière militaire. Il eut pour compagnon d'armes Alfred de Vigny, qui resta toujours son ami.

Après avoir effleuré diverses langues de l'Orient pour en avoir une idée générale, il se fixa à l'étude du chinois, sous la direction d'Abel Rémusat. C'est dans cette spécialité qu'il a fondé sa réputation en Europe. Nous aurons donc surtout à étudier ce savant comme sinologue.

La première phase de la carrière littéraire de Pauthier date de ce grand mouvement lyrique qu'on a appelé *romantique* et qui renouvela en partie notre littérature.

Ses premières œuvres furent des poésies :

1. *Helléniennes* ou Elégies sur la Grèce. Paris, 1 vol. in-18, 1825.

2. *Odes nouvelles*, en grec moderne, de Kalvos de Zante,

avec une traduction française en regard. Paris, Renouard 1 vol. in-18, 1826.

3. *Mélodies poétiques*, etc. Paris, 1 vol. in-18, 1826.

4. *La Lyre d'un soldat français*, publiée au bénéfice des incendiés de Salins. In-18.

5. *Le Pèlerinage de Childe-Harold*, poème de lord Byron, traduit en vers français, avec une dédicace à M. de Lamartine. 1 vol. in-18, Paris, 1828 et 1830.

6. *Le Dévouement de Desèze*, poème lyrique auquel l'Académie de Besançon décerna une médaille d'or dans sa séance du 24 août 1829.

7. *La Comète ou l'Eclipse de* 1832, épître en vers. Paris, 1832. Citons-en les derniers vers :

> Sans vouloir dans les cieux braquer le télescope
> De la seule raison j'en crois cet horoscope :
> Sur notre sphère étroite on verra désormais
> Des éclipses de rois, mais de peuples... jamais !

La poésie de Pauthier se distingue par la pureté, la correction, une allure vive ; elle est pénétrée de ce souffle d'enthousiasme qui date de l'époque où le romantisme faisait sa révolution dans notre littérature. Nous n'avons pas à examiner ses *Juvenilia*, quel qu'en soit le mérite. En général nous faisons bon marché des vers de notre jeunesse, considérant le maniement de la poésie comme un exercice utile pour arriver à la prose. Occupons-nous de faire connaître, autant que nous le pourrons, les travaux de Pauthier sur l'Orient.

Ce n'est pas sans une certaine appréhension que nous allons pénétrer dans la forêt de ses œuvres. Sa carrière littéraire a été assez complexe. Pour ne pas trop nous égarer, nous suivrons simplement l'ordre chronologique de ses publications.

8. *Mémoire sur l'origine et la propagation de la doctrine du Taò* ou de la Raison suprême, fondée en Chine par Lao-Tseu, traduit du chinois et accompagné d'un commentaire tiré des livres sanscrits, et du Taò-te-King de Lao-Tseu, établissant la conformité de certaines opinions philosophiques de la Chine et de l'Inde, suivi de deux Oupanichads des Védas, avec le texte sanscrit et persan. Paris, Dondey-Dupré, in-8°, 1831.

Dès son début dans les études orientales, Pauthier s'occupa des philosophies indienne et chinoise, recherchant les monuments qui pouvaient offrir le plus de traces de la pensée réfléchie de l'Orient.

C'était une tentative hardie que celle d'aborder les livres des penseurs, avant d'avoir affermi ses premiers pas dans l'étude des langues; c'était, comme on dit, prendre le taureau par les cornes, commencer par où finissent les savants de première force.

Mais son maître, Abel Rémusat, avait publié, en 1825, un mémoire dans le recueil de l'Académie des Inscriptions et Belles-Lettres, sur *la vie et les opinions de Lao-Tseu*, et

Pauthier, suivant la voie que lui traçait l'illustre sinologue, se mit à étudier avec ardeur les doctrines du philosophe chinois. Les recherches particulières qu'il avait faites dans quelques ouvrages de philosophie indienne et des données historiques nouvelles sur la Haute Asie l'amenèrent à voir dans le livre de Lao-Tseu des doctrines empruntées à l'Inde, ou dérivant du même foyer que celles de ce pays. Abel Rémusat avait, du reste, toujours admis une influence indienne en Chine antérieurement au bouddhisme. Pauthier, dans ses études, ses analogies entre la doctrine de Lao-Tseu et celles de plusieurs systèmes de philosophie indienne, présenta des aperçus nouveaux qui vinrent confirmer et étendre les idées d'Abel Rémusat.

Ce mémoire fut l'objet, dans le *Journal asiatique*, d'observations critiques de la part de Klaproth, qui regardait alors les connaissances de Pauthier en chinois comme insuffisantes pour tenter l'étude d'un philosophe tel que Lao-Tseu [1].

Pauthier répondit à cet article dans le même journal [2] et discuta assez violemment les remarques de son contradicteur. Celui-ci répliqua [3] en donnant une plus grande extension à sa critique. Cette fois le Conseil de la Société Asiatique exigea de Klaproth qu'il citât en entier les tex-

1. Voy. *Journal asiatique*, t. VII, 1831, p. 465.
2. *Id.*, t. VIII, p. 129.
3. *Id.*, *ibid.*, p. 220, 414.

tes critiqués; de cette manière les sinologues ont pu se faire une idée complète de la valeur des attaques. Nous n'avons pas à nous arrêter davantage à ce premier tournoi où notre sinologue montra toute l'impétuosité de sa savante jeunesse.

9. *Savitrî*, épisode tiré du Mahâbhârata, traduit du sanscrit. Paris, 1831; 2e édition avec gravures, Curmer, 1841, in-12, XII-53.

Nous aurons plus tard l'occasion de parler en détail de la grande épopée indienne. Bornons-nous pour le moment à puiser dans l'Introduction de Pauthier quelques renseignements sommaires. Le sujet principal du Mahâbhârata est une guerre civile entre les *Kauravas* ou fils de Kourou et les *Pandavas* ou fils de Pandou, deux branches collatérales de la race *lunaire* qui se disputent le trône de l'Inde. Ce poëme épique, qui renferme plus de deux cent mille vers et dont l'âge remonte approximativement à celui des épopées homériques, est rempli de peintures de mœurs domestiques. Savitri, dont Pauthier nous a donné une charmante traduction, offre le plus beau modèle du dévouement conjugal; chez son mari Satyavan, c'est l'amour filial qui domine : ces deux vertus familiales sont admirablement personnifiées dans ces deux êtres qui appartiennent à une civilisation déjà perfectionnée, mais dont il est difficile de bien préciser l'époque.

10. *L'épisode du poisson,* ou le déluge, traduit du même

poëme sanscrit. *Revue de Paris*, 23 septembre 1832.

11. *L'enlèvement de Draupâdi*, épisode du même poëme, traduit du sanscrit; *Europe littéraire*, 19 et 26 avril 1833.

Nous trouvons ici une femme héroïque, bien autrement grande que l'Hélène d'Homère, et qui reste fidèle... aux cinq frères dont elle est l'unique épouse.

12. *Coup d'œil sur la langue et la littérature sanscrites. Revue encyclopédique*, novembre 1832.

13. *Essai sur la poésie chinoise*. Même Revue; février 1833.

14. *Essais sur la philosophie des Hindous*, par Colebrooke, traduits de l'anglais et augmentés de textes sanscrits et de notes nombreuses. Paris, 1833-1834, 1 vol. in-8°.

Les Essais de Colebrooke comprennent cinq parties : 1° la doctrine *Sankhya*, athée ; 2° les doctrines *Nyâya* et *Vaiceshika*, la première déiste, la seconde dite des atomes [1]; 3° Le *Mîmânsâ*, logique; 4° Le *Védânta* (but du Véda), doctrine panthéistique; 5° sectes indiennes. Pauthier a accompagné sa traduction de rapprochements nombreux que la lecture des philosophes grecs lui a suggérés. A la fin du cinquième essai, il a placé un fragment du mémoire de M. Hodgson sur les langues, la littérature et la religion des bouddhistes du Népal et du Bouthan.

1. Conf. *Histoire de la littérature sanscrite* de Weber, p. 366, de la traduction Sadous.

A la suite des Essais de Colebrooke, il a inséré deux traités: le premier est un résumé du système védanta, par Sancara Atcharya, intitulé *Aṭma-Bodha* ou la connaissance de l'esprit, et que M. Taylor avait publié à la suite de sa traduction du Prabodha-Tchandrodaya; le second est l'abrégé du Védânta, traduit du sanscrit en anglais par le célèbre Ram-Mohun-Roy. En réduisant ce morceau, Pauthier a conservé la curieuse préface dont le savant brâhmane avait fait précéder sa traduction. Le volume se termine par un Index raisonné de la terminologie philosophique sanscrite employée dans les différents systèmes exposés. Cette table est une addition très-utile de cette excellente publication.

15. *Connaissance chez les anciens Chinois de l'aplatissement des pôles de la terre,* avec traduction d'un texte chinois y relatif. *Journal Asiatique*, mars 1836.

Il faut aussi consulter sur cette question la *Chine* de Pauthier, 1re partie, p. 26 et 200, où se trouve une note du P. Amiot indiquant les auteurs chinois qui ont traité de cette matière.

16. *Notice sur l'île de Ceylan*, traduite pour la première fois du chinois. *Journal Asiatique,* avril 1836.

Cette notice a été l'objet d'observations de la part de M. Stan. Julien; *id.* même année, vol. II, p. 36.

17. *Description historique et géographique de la Chine*, 1re partie, *Chine;* 2e partie, *Chine moderne*. Paris, 1837-1853, 2. vol in 8, à 2 col. Ces volumes font partie de l'*Univers*

pittoresque publié par F. Didot; la moitié du volume consacré à la *Chine moderne* est l'œuvre de M. Bazin.

La première partie de cet ouvrage, *la Chine*, qui comprend 488 pages, s'ouvre par quelques notions générales sur cet empire chinois, qui est peut-être le plus ancien de la terre et à coup sûr le plus peuplé.

S'il y a une civilisation qui doive attirer les regards de l'historien, du savant, du philosophe, c'est bien celle de ce peuple étrange qui maîtrisa une inondation diluvienne, dont l'industrie précéda la nôtre, qui accomplit son développement complet de son propre mouvement, par les forces de sa constitution, sans le secours d'une civilisation étrangère, qui lutta contre la nature et la dompta sur une surface de plus de six cent mille lieues carrées.

Le Chinois n'a aucune aptitude à s'occuper des questions spéculatives qui ont toujours préoccupé ailleurs l'esprit humain. Il se repaît surtout des choses que peut comprendre facilement la raison de l'homme. Constitué physiquement pour la fatigue, le travail, *patient comme la terre*, sa destinée positive est en rapport avec ses conceptions religieuses.

Les traditions antiques de la Chine sont en opposition avec l'opinion mosaïque sur la création. « Elles n'admettent pas, dit Pauthier, unanimement un premier homme qui, d'ailleurs pour elles, réunit en lui toutes les facultés propres à la reproduction, et qui, dans leur esprit n'était pas de la nature du genre humain actuel, puisqu'il avait le pouvoir de créer des mondes. Bien loin d'admettre la *perfection* des premiers hommes et leur *chute*, le genre humain n'est arrivé, selon les traditions, à son état actuel que lentement et par degrés, en perdant quelques-unes de ses formes primitives. Non seulement il n'y a pas *chute*, mais *progrès* et développement de nature comme de civilisation [1]. »

Après avoir donné une description physique de la Chine, quelques renseignements sur les temps anté-historiques et semi-historiques, Pauthier trace une esquisse de l'histoire et de la civilisation de l'empire chinois depuis Hoang-ti (2698 av. J.-C.) jusqu'à Tao-Kouang (1821). Il y a, entre ces deux points extrêmes de l'histoire chinoise, une durée de près de 4500 ans, période immense qu'on ne trouve dans les annales d'aucun peuple, et dans laquelle se sont succédé vingt-deux dynasties. Sous chacune d'elles sont énumérés les faits importants qui se sont passés. Ce fut sous la troisième dynastie, celle des Tcheou, qu'apparurent les trois grands philosophes Lao-Tseu, Khoung-Fou-Tseu (ou Confucius) et Meng-Tseu. Pauthier donne sur chacun d'eux des notices fort curieuses.

Ce n'était pas une œuvre facile, que celle de présenter dans un cadre resserré le tableau historique de cet im-

1. *Chine*, p. 26, 1re partie.

mense empire. Quels sont les éléments que Pauthier a mis en œuvre pour accomplir sa tâche? A quelles sources a-t-il puisé?

D'abord il avait entre les mains la chronologie chinoise rectifiée que l'empereur Kien-Loung fit imprimer dans son palais en 1767. C'est ce tableau chronologique, qui porte le plus haut caractère de certitude, qu'il a suivi constamment pour les dates dans le cours de son ouvrage. Ce livre historique a pour titre: *Li-Taï-Ki-Sse* et se trouve à la Bibliothèque imperiale.

Les autres sources chinoises où il a puisé sont l'Encyclopédie chinoise (*San-Thsai-Thou-Hoei*); le *Chou-King*, le *Chi-King* (livre des vers), le *Li-Ki* (livre des rites), le *Y-King* (livre des changements); il s'est aussi servi des Mémoires nommés: *Chi-i*, *Koueï*, *Thsang*, *Chou-i*, etc.

Il a mis à contribution les travaux des missionnaires A. Semedo, Lecomte, Trigault, Amiot, du Halde, de Maila, Gaubil, Hervieu, Couplet, Visdelou, Prémare, G. de Magalhan, Martin Martini, etc. Les ouvrages d'Abel Rémusat, de Guignes, Marco Polo ont aussi éclairé sa route. Nous bornons ici ces détails sommaires sur son livre qui est entre les mains de tout le monde. Passons à l'autre volume.

La *Chine moderne* comprend, en 390 pages, un aperçu détaillé de la géographie, des mœurs, du gouvernement, de la langue, de la philosophie, de la nation chinoise.

Pauthier ouvre ce volume par la division politique de la Chine, détaille les fleuves, rivières, positions astronomiques des limites de l'empire. Il donne une description de Pe-King, d'après la traduction d'un auteur chinois, faite par le P. Hyacinthe Bitchourin. Il passe en revue les dix-huit provinces dont se compose la Chine et les fait connaître dans les plus grands détails, surtout pour ce qui concerne les six premières. Il s'est servi, dans cette description, de la Géographie impériale historique et statistique, publiée en 1744, sous ce titre : *Ta-Thsing-i-Thoung-Tchi*, en 300 volumes. A partir de la septième province, il a cessé de faire usage de cet ouvrage. Aussi ne trouve-t-on plus, pour les deux autres provinces, des détails aussi nombreux que dans les six premiers ; mais il a dû subir les nécessités d'un cadre imposé à la collection de l'*Univers*.

Pour l'organisation politique et administrative du gouvernement chinois, il a mis à contribution la *Collection des statuts* administratifs de la dynastie régnante, édition impériale, publiée à Pe-King, en 1825, et intitulée : *Ta-Thsing-hoéi-Tièn-Thou*, 72 vol. pet. in-f°. L'Almanach impérial chinois de 1844 : *Tsio-Tchi*, *Tsiouân-Làn*, lui a également servi. Dans cette partie, il donne des renseignements très-curieux sur les différents ministères : celui des Fonctionnaires civils, des Finances, des Rites, de la Guerre, de la Justice, des Travaux publics, etc.

Quand on étudie ce livre de la Chine moderne, on est confondu devant cette masse de renseignements qu'il renferme. Quel travail de pareils relevés ont dû nécessiter! On peut dire que Pauthier nous a donné la première statistique européenne de l'empire chinois, d'après les sources originales. Son livre a été d'une grande utilité à nos officiers, lors de l'expédition de Chine.

Une dernière partie de cet ouvrage est consacrée à la langue et à la philosophie. Pour la première section il fait connaître l'origine, les développements, modifications successives, l'âge, la synthèse et l'analyse de l'écriture chinoise; la liste générale des 214 radicaux chinois dans leurs formes modernes avec leur signification et le nombre de leurs dérivés; la langue orale; le tableau des principaux groupes phonétiques et des notions de grammaire.

Dans la seconde section, il trace une esquisse de l'histoire de la philosophie, en trois périodes [1] :

La première est représentée par Fou-Hi, inventeur des premiers éléments de l'écriture chinoise, qui vivait, d'après les Chinois, 3369 ans avant notre ère, et qui est l'auteur du *Livre des transformations* (Y-King), le plus ancien livre que l'antiquité nous ait transmis. La méthode suivie dans ce livre est la méthode ontologique ou *a*

1. Cette esquisse de la Philosophie chinoise a été reproduite dans la *Revue indépendante* de 1843.

priori, nommée par les Chinois : *Etude* ou *science de ce qui a précédé le ciel.* La conception philosophique du Y-King est un vaste naturalisme fondé en partie sur un système mystique ou symbolique des nombres dont on retrouve les traces dans les récits fragmentaires des premiers philosophes grecs. Après ce livre, le plus ancien monument de la philosophie chinoise, est un chapitre du *Livre des annales* (le Chou-King), intitulé : *Houng-Fân* ou la sublime doctrine, que le ministre philosophe Ki-Tseu disait avoir été reçu du Ciel par le grand Yu (2200 ans avant notre ère) et qu'il exposa au roi Wou-Wang, de 1122 à 1116 avant notre ère. Pauthier appelle cette période anté-hellénique.

La seconde commence au VIe siècle avant notre ère et a pour représentants Lao-Tseu, Khoung-Tseu (Confucius), Meng-Tseu et leurs disciples. La doctrine morale du premier a quelque rapport avec celle des Stoïciens. Sa conception philosophique est un rationalisme panthéistique absolu. Elle a, suivant Pauthier, une grande analogie avec le système de l'*identité absolue* de Schelling. Son système repose, un peu comme celui des Soufis, sur le repos, l'immobilité, le non-agir, l'isolement du monde, la conservation de soi-même, de sa pureté et de sa simplicité natives. Khoung-Tseu, au contraire, prescrit sans cesse le perfectionnement, le développement de toutes les facultés de l'homme, l'activité, le travail. La loi de la grande étude pour lui, de l'étude propre aux hommes raisonnables, de la philosophie pratique, consiste à développer et remettre en lumière le principe lumineux de la raison que nous avons reçu du ciel, à placer la destination définitive de l'homme dans la perfection ou le souverain bien. Meng-Tseu a professé les mêmes doctrines, en les développant, en fécondant ce qui n'y était que logiquement contenu.

La troisième période ne commence guère que sous les dynasties qui suivirent l'époque de la destruction des livres ordonnés par l'empereur Chi-Hoang-Ti (213 ans av. J.-C.). Mais ce fut seulement sous la dynastie des Soung (960-1119 de J.-C.) que fut fondée la grande école philosophique par Theòu-Tseu, et dont le chef célèbre fut Tchou-Hi. Le but de cette école est le développement rationnel et systématique de l'ancienne doctrine enseignée par Fou-Hi, dans son livre des transformations (Y-King), ainsi que par les anciens sages, et dont Khoung-Tseu s'était fait sous le rapport moral et politique le propagateur et l'apôtre infatigable.

Pauthier a eu recours, pour faire son esquisse de l'histoire de la philosophie chinoise, dont nous ne pouvons indiquer que les principaux linéaments, aux sources suivantes : Recueil par ordre chronologique de tous les philosophes chinois, au nombre de 92, intitulé : *Tchou-Tseu-Wéi-Hàn ;* Livre des Annales ; Livre des vers ; œuvres complètes de Tchou-Hi, intitulées : *Tchou-Tseu-Tsiouân-Choù* : du grand recueil de la philosophie naturelle, intitulé : *Seng-li-ta-thsiouên-hoëï-thoûng;* lettre inédite du P. Prémare, etc., etc.

Ce qu'il y a de remarquable en Chine, c'est qu'aucune doctrine ne s'est jamais posée comme révélée; l'idée aussi bien que le nom d'un Dieu personnel, d'un Dieu abstrait, sont restés hors du domaine de la spéculation. Depuis plus de 2000 ans, les ouvrages de Khoung-Tseu et de Meng-Tseu, les *Ssè-Cheu*, ou quatre livres classiques, constituent le code moral et politique de la nation chinoise. Comme le fait remarquer Pauthier, la doctrine de ces philosophes, seul exemple peut-être dans le monde d'une pareille conquête de la philosophie, est devenue la *philosophie de l'Etat.* En Europe nous avons les *religions de l'Etat.* En Chine on a élevé des temples à Confucius; en Europe on a dressé des bûchers pour les philosophes !

18. *De l'origine et de la formation des différents systèmes d'écritures orientales et occidentales*; in-4° à 2 col. (*Encyclopédie nouvelle*), article Écriture. Paris, 1838.

Dans cet article, qui a les proportions d'un mémoire, Pauthier traite :

1° De l'origine de l'écriture.

2° Des trois âges de l'écriture, figuratif, transitoire, alphabétique;

3° Écriture chinoise;

4° Écriture figurative des Égyptiens;

5° Formation de l'écriture hiéroglyphique;

6o Écriture japonaise;

7o Age alphabétique. Écritures sémitiques ou araméennes;

8o Ancienne écriture persépolitaine ou cunéiforme;

9o Langues ariennes. Alphabet sanscrit;

10o Écriture thibétaine;

11o Alphabet palicinghalais;

12o Écritures zende et pehlvie;

13o Alphabets mongol et mantchou;

14o Alphabets arménien et géorgien.

19. Le *Ta-Hio* ou la grande Étude, ouvrage de Confucius, en chinois, en latin et en français, avec la traduction complète du commentaire de Tchou-Hi. Paris, in-8o, 1837.

La traduction française de cet ouvrage ayant été donnée dans les *Livres sacrés* de l'Orient de Pauthier, nous en parlerons plus loin.

20. Le *Táo-té-King*, ou le livre de la Raison suprême et de la vertu, par Lao-Tseu, traduit en français pour la première fois, avec une version latine et le texte chinois en regard; accompagné de la traduction complète du commentaire de *Sie-Hoëi*, etc. Janvier 1838, première livraison, in-8o.

Le *Táo* ou la *Raison suprême* existe dans tout l'univers, et le pénètre de sa substance, comme les rivières et les torrents des vallées se répandent dans les fleuves et les mers. Lao-Tseu représente *son être* primordial, sa première cause, par le caractère et le mot *Táo;* il le dégage de tous les attributs variables et périssables pour ne lui laisser que ceux d'*éternité*, d'*immuabilité* et d'*absolu*. Le dernier mot du système de Lao-Tseu serait, d'après Pauthier, un panthéisme rationaliste.

Cette publication n'a pas été continuée par Pauthier. On trouvera dans ses *Vindiciæ sinicæ* (1842 et 1843) l'historique de sa traduction de Lao-Tseu et les motifs qui l'obligèrent à interrompre la publication de cet ouvrage qu'il avait terminé en manuscrit depuis plusieurs années.

21. *Les livres sacrés de l'Orient*, comprenant le *Chou-King* ou le livre par excellence, les *Sse-Chou* on les quatre livres moraux de Confucius et de ses disciples; les lois de *Manou*, premier législateur de l'Inde; le *Koran* de Mahomet; traduits ou revus et publiés. Paris, 1840, grand in-8°.

Dans une Introduction où il parle du rôle que doivent jouer les études orientales pour mieux connaître les monuments historiques, philosophiques et religieux des anciens peuples, l'origine et le développement des sociétés humaines, Pauthier cherche à caractériser les trois grandes civilisations de l'Orient : chinoise, indienne, musulmane. Les orientalistes par leurs travaux ont singulièrement élargi le champ des recherches. On ne peut plus faire tout dater d'Athènes et de Rome.

I. — *Civilisation chinoise*. Cette section de la collection des livres sacrés de l'Orient comprend :

1° Le *Chou-King* ou livre des annales, traduit en français par le P. Gaubil, avec une préface du même relative à l'histoire critique du Chou-King ; on a ajouté à la suite : Recherches sur les caractères chinois par le P. de Mailla ; Recherches sur les temps antérieurs à ceux dont parle le Chou-King et sur la mythologie chinoise par le P. de Prémare. Pauthier a complété ces renseignements en ajoutant une table généalogique des trois premières dynasties dont il est question dans le Chou-King, telle qu'elle est donnée par les Chinois.

2° Après le *Chou-King*, Pauthier a publié une notice du livre chinois nommé Y-King, ou livre canonique des changements, avec des notes par Claude Visdelou. C'est le plus ancien des livres chinois et l'on peut dire du monde.

3° Les *Sse-Chou* ou les quatre livres de philosophie morale et politique de la Chine. Le premier de ces livres est le *Ta-Hio* ou la grande étude, ouvrage de Confucius et de son disciple Thsêng-Tseu. C'est un recueil de prescriptions morales sur la nécessité de se régler soi-même, avant de chercher à éclairer les peuples et de vouloir gouverner les empires. Le *perfectionnement de soi-même* est donc le principe fondamental de ce traité. Le second livre classique, le *Tchoung Young* [1], ou l'invariabilité dans le milieu, recueilli par Tseu-Sse, petit-fils et disciple de

1. Abel Rémusat avait donné une notice sur les quatre livres moraux et traduit en entier le *Tchoung-Young* ; V. *Notices* et *Extraits* vol. X p. 269 et suiv.

Confucius, traite de différents sujets de morale, et en particulier du *milieu,* terme abstrait et de convention, par lequel les moralistes chinois entendent la conduite vertueuse par excellence, et cette partie de la sagesse qui consiste à se préserver de tous les excès. Les doctrines morales de ce traité peuvent être mises en parallèle avec celles de la philosophie stoïque enseignées par Épictète et Marc-Aurèle. Le troisième livre classique se nomme *Lùn-iù* (Discours) et ne contient que des discours moraux, des apophthegmes, et les entretiens philosophiques de Confucius et de quelques-uns de ses disciples. Le quatrième et dernier des quatre livres moraux porte le nom de *Meng-Tseu*, le premier des philosophes chinois après Confucius ; le sujet est le même que celui des autres livres ; ce sont des discussions morales entre le philosophe Méng-Tseu et quelques personnages illustres de son temps.

Tout homme qui se destine en Chine aux lettres ou à l'administration doit posséder à fond ces livres et même les savoir par cœur.

II. — *Civilisation indienne.* Cette partie des livres sacrés de l'Orient comprend :

1° Une notice sur les Védas ou livres sacrés des Hindous par Colebrooke, traduit de l'anglais par Pauthier.

2° La traduction du sanscrit d'un oupanichad du Yadjour-Véda, par Pauthier.

3° Les lois de Manou traduites du sanscrit et accompagnées de notes explicatives par Loiseleur Deslongchamps. Le *Mânava-Dharmasâstra* ou livre de la loi de Manou, n'est pas un code dans le sens ordinaire de ce mot, c'est-à-dire un recueil renfermant uniquement des règles pour déterminer les relations des hommes entre eux et les peines que méritent les divers délits, c'est véritablement, comme les anciens peuples l'entendaient, *le livre de la loi*, comprenant tout ce qui regarde la conduite civile et religieuse de l'homme.

III. — *Civilisation musulmane*. Dans cette dernière partie des *Livres sacrés de l'Orient*, Pauthier à réuni :

1° Les observations historiques, et critiques sur le mahométisme de G. Sale; dans lesquelles l'auteur traite : des Arabes avant Mahomet; de l'état du christianisme, en particulier, de l'état des Églises d'Orient et du Judaïsme au temps de la venue de Mahomet; de la méthode qu'il a suivie pour établir sa religion et des circontances qui y ont concouru; — du Coran, de ses particularités, manière dont il a été écrit et publié, but général de ce livre; — des doctrines et des préceptes positifs du Coran qui ont rapport à la foi et aux devoirs religieux; — de certains préceptes négatifs du Coran; — des institutions du Coran dans les affaires civiles; — des mois que le Coran veut que l'on tienne pour sacrés et du vendredi destiné au culte; — des principales sectes des mahométans et de ceux qui ont prétendu avoir le don de prophétie parmi les arabes.

2° La traduction du Coran faite sur le texte arabe par M. Kazimirski. —

22. *Examen méthodique des faits qui concernent l'Inde, d'après les ouvrages chinois,* traduits pour la première fois du chinois et accompagnés de notes nombreuses. Paris, *Journal Asiatique*, 1839,1840,66 pages.

« Les personnes qui s'occupent de recherches historique et d'antiquités orientales, surtout indiennes, dit Pauthier, [1] savent de quelle importance sont les moindres faits qui jettent quelques lueurs sur les temps encore si obscurs de l'Inde ancienne. » Il faut savoir gré à Pauthier d'avoir appelé l'attention sur des données historiques sur l'Inde recueillies par les Chinois et tirées de la grande histoire chinoise des peuples étrangers intitulée, *Pian-i-tian*. Les documents qu'il a publiés sont d'un haut intérêt pour la science. Ce mémoire fut le point de départ d'une polémique entre Pauthier et M. Stanislas Julien. Ce dernier publia dans le *Journal Asiatique* de mai 1841, un *Examen critique* du travail de Pauthier. Celui-ci répliqua par l'écrit suivant :

23. *Réponse à l'examen critique* de M. Stanislas Julien, *Journal Asiatique*, août-septembre 1841, 88 pages.

La critique de M. Julien se composait de cent quarante paragraphes. Pauthier, dans sa réponse, ne put en

1. Réponse à l'Examen critique de M. Stanislas Julien, p. 4.

examiner que trente et un, la commission du *Journal Asiatique* ayant désiré mettre fin à cette polémique. Cependant la réponse de Pauthier donna naissance à une *Réplique* de M. Julien, et cette réplique à une *dernière* réponse de la part de Pauthier.

24. *Vindiciæ sinicæ*. Dernière réponse à M. Stanislas Julien, suivie d'un parallèle de sa nouvelle traduction, de Lao-Tseu, avec une traduction précédente. Paris, 1842, in 8°; 110 pages.

En dehors des répliques que Pauthier fait à la *Réplique* de M. Stanislas Julien et sur lesquelles nous n'avons aucun droit à donner notre avis, il y a deux parties de cette brochure qui intéressent la science : celle où Pauthier parle des qualités d'un bon grammairien, p. 62 et suiv, et celle où il fait un parallèle entre sa traduction du Tao-te-King de Lao-Tseu, publiée en partie en 1838, et celle de M. Julien publiée en 1841. Cette *dernière* réponse ne devait pas être la fin de cette polémique. M. Stanislas Julien publia à cette occasion une brochure avec ce titre : *Simple Exposé d'un fait honorable odieusement dénaturé dans un libelle récent de M. Pauthier, suivi de la réfutation de sa dernière réponse*, etc., etc., etc. Pauthier répondit au *Simple Exposé*, par la brochure suivante :

25. *Supplément aux Vindiciæ sinicæ ou dernière réponse* Paris, 14 mars 1843; 40 pages in-8°.

Dans cette brochure, Pauthier fait l'historique de sa traduction du *Tao-te-King* de Lao-tseu, dont il avait demandé l'impression gratuite à l'Imprimerie Impériale dès 1833. Cette brochure, qui contient des discussions sur d'autres objets, se termine par la traduction d'un catalogue des livres chinois d'un libraire de Canton, avec les prix; ce document est intéressant pour la bibliographie chinoise.

Nous sommes hors d'état de nous prononcer sur la valeur des traductions de ces deux sinologues. Nous voyons d'un côté M. Stanislas Julien critiquer Pauthier, et celui-ci relever à son tour les méprises de M. Stanislas Julien. Pauthier, du reste, ne se pose pas en traducteur infaillible et il a soin de le déclarer. Il n'y a que les faux savants qui ont la prétention de ne jamais se tromper. C'est surtout dans l'étude de la langue chinoise qu'il est facile de faire des erreurs, puisqu'en chinois il n'y a presque pas un caractère qui n'ait un sens *différent*, selon le *cas* où il est employé.

Dans cette controverse qui a été surtout grammaticale, il y avait un moyen de rendre juge le public savant. C'était que Pauthier, qui a donné dans maints de ses ouvrages des preuves de son habileté à manier la langue des principes, les matières philosophiques, composât une grammaire chinoise. Certes, personne mieux que lui n'était en état d'entreprendre une œuvre pareille, car il a abordé les matières chinoises les plus diverses : poésie, histoire, philosophie, administration, politique, etc. M. Stanislas Julien, de son côté, n'aurait-il pas dû s'occuper d'un travail de ce genre pour appuyer en quelque sorte ses critiques et faire connaître ses découvertes grammaticales [1] ? C'était, il nous semble, apporter dans le procès la meilleure pièce de conviction.

26. *Documents statistiques officiels sur l'Empire de la Chine*, traduit du chinois. Paris in-8°, 1841, 48 pages. C'est un extrait de sa *Chine moderne*, p. 166 à 184.

Pauthier a extrait ces documents sur le récensement de la population, le dénombrement des terres et la répartition des impôts, du grand Recueil des statuts administratifs de la dynastie régnante, intitulé : *Tai-thsing-hoéi-tien*. — La population de la Chine, en 1812, était de 361,693,179.

27 *Sinico-Ægyptiaca*. Essai sur l'origine et la formation similaire des écritures figuratives chinoise et égyptienne. Paris, 1842, in-8° ; 149 pages. Première partie.

Cet ouvrage, dont la première partie est seule publiée, est consacré à développer une esquisse publiée en 1838 dans *l'Encyclopédie nouvelle*, article Écriture. Il doit se composer de trois parties :

La première comprend l'histoire et la synthèse des écritures figuratives chinoise et égyptienne.

La seconde doit comprendre l'analyse méthodique de ces deux écritures figuratives.

1. M. Stanislas Julien vient de publier (Juin 1869) une *Nouvelle syntaxe de la langue chinoise*.

La troisième, accompagnée d'une introduction générale, est destinée aux principes fondamentaux comparés des deux langues chinoise et égyptienne.

« On pourra juger alors, dit Pauthier, de la véritable nature de la langue chinoise, encore scientifiquement peu connue, et si l'ancienne écriture égyptienne ou hiéroglyphique a avec la première une origine commune, ou si c'est un produit similaire, quoique isolé, de l'esprit humain; on verra enfin si la connaissance préalable du système de l'écriture chinoise n'est pas la voie la plus sûre pour arriver à la connaissance du véritable système de l'écriture hiéroglyphique. »

Cette première partie est divisée en deux sections.

La première comprend, comme nous l'avons dit, l'histoire et la synthèse de l'écriture chinoise: origine, développement et modifications successives, âges, — et se résume par les faits suivants.

L'écriture chinoise a été primitivement la peinture des objets qui pouvaient être figurés. Cette écriture a subi des altérations successives sans perdre son principe. Dès les premiers temps de sa formation, elle a dû adjoindre à *l'élément figuratif*, qui était limité, *l'elément phonétique* illimité, qui est d'une nécessité absolue dans toute langue écrite. Cette adjonction s'est faite par voie d'assimilation, c'est-à-dire sans admettre un nouveau mode de notation des idées, mais en faisant, des *éléments figuratifs* déjà en usage, des éléments purement *phonétiques*, dans le plus grand nombre des cas donnés.

La seconde section est consacrée à l'histoire de l'écriture figurative hiéroglyphique ; à sa synthèse ; à l'examen du passage de saint Clément d'Alexandrie sur les diverses méthodes d'écrire des Égyptiens ; classes des caractères hiéroglyphiques, figuratifs et phonétiques ; déterminatifs génériques ou radicaux hiéroglyphiques correspondant aux radicaux chinois ; interprétation d'une inscription sur un anneau égyptien hiéroglyphique ; explication bilingue du vase de Xerxès, du Cabinet des Antiques, avec l'analyse de l'inscription cunéiforme et celle de l'inscription hiéroglyphique ; mention de l'inscription cunéiforme trouvée dans l'isthme de Suez par M. de Rozière. Pauthier termine cette section par le résumé suivant.

L'écriture égyptienne hiéroglyphique était primitivement la *peinture figurée* des objets. Dès les premiers temps de sa formation, elle dut adjoindre à *l'élément figuratif* qui était limité, *l'élément phonétique* illimité, d'une nécessité absolue dans toute langue écrite. Cette adjonction se fit par voie d'assimilation, c'est-à-dire sans admettre un nouveau mode de représentation des idées, mais en faisant des *éléments figuratifs* déjà en usage, des éléments purement *phonétiques* de valeur *initiale*, dans le plus grand nombre des cas donnés. Les mêmes caractères ou signes *figuratifs*, en passant ainsi à l'état *phonétique*, ne perdent que momentanément leur valeur *figurative*, pour la reprendre au besoin. Ces principes, communs aux deux écritures *figuratives* chinoise et égyptienne, en font des écritures d'une nature spéciale et similaire qui ne peuvent être soumises qu'à des lois spéciales.

Pauthier devait consacrer les autres parties de cet ouvrage à démontrer ces lois qu'il n'a fait qu'esquisser. Par cette première partie, il nous fait vivememt désirer de le voir continuer son œuvre.

28. *Documents officiels chinois, sur les ambassades étrangères* envoyées près de l'empereur de la Chine, traduits du chinois. Paris, 1843 (extrait de la *Revue de l'Orient*); 24 pages.

Ce travail contient une relation des diverses ambassades européennes, portugaises, hollandaises, russes, anglaises à la cour de Pékin, suivie d'une traduction du cérémonial chinois relatif aux visiteurs et ambassadeurs étrangers. L'insuccès de plusieurs de ces missions tint au refus de quelques ambassadeurs, russes et anglais, de se conformer au cérémonial chinois qui consiste à se mettre trois fois à genoux et à frapper neuf fois la terre de son front devant l'empereur.

29. *Mémoire sur la réalité et l'authenticité de l'inscription syro-chinoise de Si-ngan-fou* (*Annales de philosophie chrétienne*); 1857, in-8°.

30. L'*Inscription syro-chinoise de Si-ngan-fou*, monument nestorien élevé en Chine l'an 781 de notre ère, et découvert en 1625 ; texte chinois accompagné de la pro-

nonciation figurée, d'une version latine verbale, d'une traduction française de l'inscription et des commentaires chinois auxquels elle a donné lieu, ainsi que des notes philologiques et historiques. Paris, in-8°, 96 pages, 1858; avec un beau fac-simile typographique de l'inscription.

L'authenticité de ce monument, qui avait été, dès l'époque de sa découverte par des Chinois, l'objet d'attaques nombreuses, ne peut plus, d'après Pauthier, être mise maintenant en doute. C'est le seul témoignage connu des pérégrinations des propagateurs du christianisme oriental dans l'extrême Asie. Aux yeux des Chinois, c'est un des plus beaux spécimens du style orné de la dynastie des Thâng. — L'abbé Renaudot (*Anciennes relations de la Chine*) et de Guignes (*Notices et Extraits*, t. I, p. 163-164) avaient signalé cette inscription comme authentique, mais sans se livrer aux profondes investigations de notre sinologue.

Cependant M. E. Renan a examiné, d'après des textes recueillis par M. Stanislas Julien, la question de l'authenticité de cette inscription, et il a émis certains doutes (Voy. *Histoire des Langues sémitiques*, p. 268 et suiv.).

31. *Histoire des relations politiques de la Chine avec les puissances occidentales, depuis les temps anciens jusqu'à nos jours*. Paris, 1 vol. in-8°; Didot, 1859, xx et 239 pages.

Ce volume est le développement d'un article, publié dans la *Revue de l'Orient* en 1843, et dans lequel l'auteur énumère les différentes tentatives des puissances étrangères pour nouer des relations politiques et commerciales avec la Chine ; il constate que le principal obstacle qu'elles ont trouvé est le cérémonial de cour auquel les ambassadeurs n'ont pas voulu se soumettre. Il examine les conditions qui sont faites aux ambassades permanentes par les traités de Tien-Tsin. La conclusion à laquelle il arrive, c'est que le cérémonial chinois n'est pas admissible pour les Européens, et qu'il faut insister à Pékin pour qu'un ambassadeur y observe les formes de la cour de son propre souverain.

32. *Mémoire secret adressé à l'empereur Hien-Foung, actuellement régnant*, par un lettré chinois, sur la conduite à suivre avec les puissances européennes, traduit du chinois. Extrait de la *Revue de l'Orient*, 1860, in-8°; 32 pages.

En Chine, la presse n'est pas organisée comme en Europe; il n'y a pas de chambres électives, de parlements. L'opinion publique ne peut se manifester que par la corporation des lettrés qui se recrute dans le sein de la population et qui occupe tous les emplois administratifs et même militaires de l'empire. Elle se regarde comme la gardienne traditionnelle, incorruptible, des doctrines morales et politiques de son grand maître Confucius. Quand une grande crise se fait sentir, c'est un devoir pour eux de donner des avertissements au pouvoir sur les dangers que court l'État et sur la conduite à tenir. C'est ce qu'a fait le lettré chinois dans son Mémoire adressé à l'empereur Hien-Foung. Les trois concessions que les Anglo-Français ont obtenues ont profondément humilié la population éclairée : 1° la résidence à Pékin d'ambassadeurs anglais, 2° l'ouverture aux navires marchands du grand fleuve Yang-tse-Kiang, et 3° la propagation libre du christianisme.

Les représentations du lettré chinois à l'empereur roulent sur ces trois points.

33. *Proclamations du mandarin Ye et du vice-roi Ho*, traduites du chinois sur des copies authentiques parvenues en France. Paris, 1860 (*Revue de l'Orient*) ; 12 p. in-8°.

C'est la traduction d'un décret annonçant au peuple l'édit de tolérance de la religion chrétienne.

34. *Rapport* fait à la Société Asiatique de Paris sur deux médailles en cuivre jaune trouvées à Sourabaya, île de Java. (*Journal Asiatique,* avril-mai 1860, 17 pag.)

Une de ces médailles, portant une légende arabe sur le revers, n'a pu être identifiée. L'autre a été reconnue appartenir à la dynastie des Yuen ou Mongols de la Chine. La légende est gravée en caractères Pa-sse-pa. A cette occasion, Pauthier entre dans certains détails sur l'alphabet mongol pa-sse-pa.

35. *Rapport* fait à la Société Asiatique sur la traduction française de la grammaire japonaise de MM. Donker, Curtius et Hoffmann, par M. Léon Pagès (*Journ. Asiat.*, août-septembre 1861).

On ne connaissait en Europe que les grammaires japonaises des PP. Rodriguez, Collado et Oyanguren, celle de ce dernier, imprimée à Mexico en 1738. Ces ouvrages, destinés à apprendre le langage parlé, étaient insuffisants pour aider à l'interprétation des livres japonais. Celle de MM. Donker, Curtius et Hoffmann donnant, dans la plupart des cas, les mots japonais en caractères *Kâta-Kâna*, souvent avec les équivalents en caractères chinois, est tout à la fois propre à enseigner la langue japonaise, parlée et écrite. Parmi les additions que M. Hoffmann a faites à cette grammaire, celle qui concerne l'exposition de sa théorie des verbes japonais paraît à Pauthier la plus importante. Il regrette, toutefois, qu'aucun chapitre n'ait été consacré à la syntaxe. En effet, une grammaire n'est complète que si elle est composée de ses deux parties essentielles : partie étymologique et partie syntaxique; les *formes* des mots et leurs rapports.

La langue japonaise n'a pas eu un développement *sui generis*, ayant subi longtemps l'influence de la langue chinoise dont elle a emprunté le système graphique; aussi il semble qu'il est très-difficile d'en rattacher l'étude à des principes généraux. On distingue toutefois plusieurs dialectes japonais : le *koye*, qui est le chinois prononcé à la manière japonaise; le *yomi*, la langue naturelle et primitive des Japonais, et, enfin, un troisième qui est formé du mélange des deux premiers. Les caractères chinois furent introduits au Japon l'an 285 ou 290 de J.-C.

Pauthier pense que l'étude des dialectes méridionaux de la Chine et même de la Cochinchine est une excellente préparation à l'étude du japonais. Dans un tableau, il présente la concordance de prononciation du chinois qui existe au Japon et dans les provinces méridionales de la Chine. Cette question de prononciation l'amène à examiner la méthode de M. Stanislas Julien pour déchiffrer et transcrire les noms sanscrits qui se rencontrent dans les livres chinois. Il termine son rapport en payant un juste tribut d'éloges à M. Léon Pagès, au savant traducteur de la grammaire japonaise de MM. Donker, Curtius et Hoffmann.

36. *Lettre inédite du P. Prémare, sur le monothéisme des Chinois*, accompagnée de textes chinois et de notes. (*Annales de philosophie chrétienne;* février, mai 1861.)

37. De l'alphabet de Pa-sse-pa, et de la tentative faite par Khoubilaï-Khan, au XIIIe siècle de notre ère, pour transcrire la langue figurative des Chinois au moyen d'une écriture alphabétique. (*Journ. Asiat.*, janvier 1862; 47 pages.)

Ce mémoire, divisé en trois parties, contient :

1° La traduction intégrale de l'*Histoire de l'écriture*, sous la dynastie mongole de Chine, tirée de l'Histoire générale de l'écriture chinoise;

2° La traduction, également intégrale, du passage cité dans l'*Histoire officielle supplémentaire* des Yuen ou Mongols de la Chine, lequel passage donne l'alphabet de Pa-sse-pa, avec la valeur de chacun des éléments qui le composent, exprimée au moyen de caractères chinois ;

3° Une double inscription en caractères mongols passe-pa, et en chinois, tirée du Palais des études (de Confucius) de la ville de Soung-Kiang-fou, avec une traduction française.

Pa-sse-pa, l'inventeur des nouveaux caractères mongols, né dans le Thibet à Ssa-sse-Kia, fut honoré par Khoubilaï du titre de précepteur du royaume en 1260. Un décret de 1269 prescrivit l'usage de ces caractères dans tout l'empire. Les tentatives répétées des empereurs mongols pour répandre et populariser en Chine l'écriture de Pa-sse-pa ne firent que démontrer combien la population chinoise était réfractaire à cette innovation et combien il est difficile de changer les habitudes séculaires d'un peuple.

38. *Notice sur trois dictionnaires chinois-japonais-européens*, imprimés au Japon. (*Journal Asiatique*, août-septembre 1863 ; 13 pages.)

39. *Recherches* sur l'existence des Juifs en Chine, depuis les temps les plus reculés jusqu'à nos jours, par M. A. Wylie; Mémoire traduit de l'anglais par M. l'abbé Th. Blanc et annoté par G. Pauthier. (Extrait des *Annales de philosophie chrétienne*, février et mars 1864.)

40. *Le livre de Marco Polo*, citoyen de Venise, conseiller privé et commissaire impérial de Khoubilaï-Khan,

rédigé en français, sous sa dictée, en 1298, par Rusticien de Pise; publié pour la première fois d'après trois manuscrits inédits de la Bibliothèque impériale de Paris, présentant la rédaction primitive du livre, revue par Marc Pol lui-même et donnée par lui, en 1307, à Thiébault de Cépoy, accompagnée des variantes, de l'explication des mots hors d'usage, et de commentaires géographiques et historiques tirés des écrivains orientaux, principalement chinois, avec une carte générale de l'Asie.

Deux parties, grand in-8°, CLVI-831 pages. Paris, Didot, 1865; avec une gravure représentant la maison de Marc Pol à Venise, dessin de M. A. de Beaumont, et deux médaillons contenant les portraits de Marc Pol et de Khoubilaï-Khan.

Dans une introduction de 156 pages, Pauthier nous donne :

1° Une notice sur Marco Polo dans laquelle, à l'aide du livre même du célèbre voyageur et des Annales chinoises, il fait connaître le premier voyage du père et de l'oncle de Marc Pol en Tartarie et leur retour en Europe comme envoyés du grand khan; le second voyage des deux frères Polo et le départ de Marc Pol pour la Chine et la Mongolie; l'arrivée des deux frères et du jeune Marc en Mongolie devant Khoubilaï-Khan; les missions dont Marc Pol fut chargé par ce dernier; son départ de Chine et son retour à Venise.

2° Après avoir fait connaître la vie de Marc Pol, Pauthier cherche à apprécier son livre qui est une véritable description historique et géographique de l'Asie au moyen âge; il en présente une sorte d'analyse et met en relief les parties les plus curieuses. Ce qu'il y a de remarquable dans l'influence que ce livre a eue sur les progrès de la géographie au moyen âge, c'est que la découverte du Nouveau Monde par Christophe Colomb est due à la lecture du célèbre voyageur. Il examine ensuite la question, si longtemps débattue, de savoir dans quelle langue ce livre a été primitivement rédigé. Il donne de nouvelles preuves sur l'*antériorité* de la rédaction française.

3° Dans la troisième partie, consacrée à un aperçu de l'état politique de l'Asie au XIIIe siècle de notre ère, Pauthier parle de l'origine et du développement de la puissance mongole; des tentatives que fit Khoubilaï-Khan pour transcrire la langue chinoise avec une écriture alphabétique et de la culture des lettres sous son règne. Il passe ensuite aux conquêtes des Mongols dans l'Asie centrale et occidentale.

Après sa belle Introduction, vient l'édition critique du texte français du livre de Marc Pol, où il ajoute à chaque page des notes très-développées, sorte de commentaire quatre ou cinq fois plus long que le livre lui-même et qui nous montre la vaste science de notre sinologue.

Pour commenter un ouvrage de ce genre, quelle masse de connaissances il fallait réunir! Je ne sais si on aurait pu trouver en Europe plusieurs savants en état d'accomplir la tâche que Pauthier a menée à fin. « Reconstruire la géographie de l'empire mongol, disait Abel Rémusat, serait le chef-d'œuvre d'une personne bien versée dans la lecture des géographes chinois et capable de s'aider de tout ce que les auteurs chinois et tartares ont écrit sur les événements qui se sont passés dans la haute Asie depuis le XIIIe siècle [1]. »

Nous croyons que Pauthier a rempli le programme de son maître, du moins en grande partie. Cette tâche que le grand sinologue avait léguée à ses successeurs, tenta autrefois Klaproth, qui laissa son manuscrit inachevé.

Quand on a lu ce livre de Marc Polo, on reconnaît que c'est un des plus curieux et des plus instructifs. Sorte d'encyclopédie historique et géographique de l'Asie au moyen âge, il est d'autant plus précieux que tous les lieux, tous les faits ont été retrouvés par Pauthier dans des écrivains orientaux. On peut dire que cet ouvrage est une mine inépuisable de renseignements sur l'histoire, les mœurs, les usages, les coutumes, le commerce et l'industrie de presque toutes les populations de l'Orient.

Le livre de Marc Pol a été publié par la maison F. Didot avec un luxe typographique qui fait le plus grand honneur à cette imprimerie, si célèbre en Europe.

1. *Nouveaux Mélanges asiatiques*, t. I, p. 393.

On trouvera dans le *Journal Asiatique* d'avril-mai 1866, un long article, très-étudié, sur cette œuvre de Pauthier, fait par M. de Khanikoff, savant voyageur qui a visité la Perse et l'Asie centrale, et qui a ajouté aux observations de Pauthier d'utiles renseignements, de précieuses réflexions. On peut voir aussi dans les *Annales de philosophie chrétienne*, cahier de février 1866, un long article sur ce livre, et une lettre de notre silologue dans laquelle il répond à des critiques de M. J. Bianconi.

41. *Relation ou voyage de Khiéou*, surnommé *Tchang Tchun* (long printemps), à l'ouest de la Chine, au commencement du XIIIe siècle de notre ère. *Journal Asiatique*, janvier 1867, 48 pages.

Ce document, relatif à la conquête de l'Asie centrale et occidentale par les Mongols, a été traduit par Pauthier de la troisième édition (1853) du *Haï-Kouë-tou-tchi.* — Une notice sur le voyageur, extraite de la grande Géographie historique et descriptive de la Chine, est placée en tête de la relation. En dehors de la valeur géographique de ce voyage, on y trouve aussi quelques renseignements historiques sur Djengis-Khan et ses expéditions. Les ouvrages chinois contiennent des notions historiques et géographiques fort importantes. Pauthier pense que les sources chinoises seules peuvent donner des dates et des faits certains sur l'histoire asiatique des époques antérieures aux écrivains arabes et persans.

42. *Wen Kouèh Koung-fâh.* Éléments du Droit interna-

tional, de Henri Wheaton, traduits en chinois, publiés à Pékin en janvier 1865, 4 vol. in-8°. *Journal Asiatique*, août 1867.

C'est un compte rendu de cet ouvrage que Pauthier a fait. La traduction a été mise en chinois classique par une commission de quatre mandarins de haut rang littéraire, nommée par le prince Koûng, oncle du jeune empereur régnant. On voit que les Chinois veulent se mettre au courant des idées et de la civilisation européennes.

43. *Mémoires sur l'antiquité de l'histoire et de la civilisation chinoises*, d'après les écrivains et les monuments indigènes. *Journal Asiatique*, 1er mémoire, septembre-octobre 1867; 2e mémoire, avril-mai 1868; 277 pages.

Le premier mémoire comprend l'histoire de l'édit de proscription des anciens livres, par l'empereur Thsîn-chi-Hoang-ti, 213 ans avant J.-C., et l'inventaire de ces mêmes livres au Ier siècle avant notre ère.

L'empereur Thsin-chi-Hoang-ti, qui eut la gloire d'unifier l'empire chinois, de construire la grande muraille deux siècles avant notre ère, devait ternir son règne par un acte sauvage : la destruction des anciens livres. Les lettrés qui manifestèrent leur désapprobation de cette mesure furent, au nombre de 460, enterrés tout vifs dans une fosse, supplice infâme qu'ils supportèrent tous jusqu'au dernier, sans vouloir abjurer leurs principes.

Plusieurs personnes ont regardé comme apocryphes tous les textes qu'on a voulu présenter comme antérieurs à l'incendie général des livres chinois d'astronomie, de philosophie et d'histoire.

Mais Pauthier démontre, dans son mémoire, que la destruction des livres anciens fut loin d'être générale. Vingt-deux ans après la promulgation de l'édit incendiaire, 191 de J.-C., on rapporta la loi pénale concernant les livres. L'empereur Taï-Tsoung, surnommé *le Pieux et l'Ami des lettres*, abrogea un autre édit du proscripteur des lettres et des lettrés qui portait défense de critiquer la conduite et les actes du gouvernement.

Cet édit d'abrogation rappelle une coutume touchante de l'antiquité chinoise. A l'entrée du palais des souverains, il y avait une bannière sur laquelle chacun écrivait tout ce qu'il jugeait convenable pour le bien de l'État, et une tablette en bois de bambou sur laquelle chacun pouvait présenter ses critiques des actes du gouvernement.

A partir du règne de Taï-Tsoung, on fit avec ardeur la recherche des livres proscrits, et on arriva à réunir une collection à peu près complète des anciens livres canoniques de la Chine, au nombre de plus de cinq cents.

Le célèbre historien Pan-Kou, grand historiographe de l'empire, qui vivait dans la seconde moitié du Ier siècle de notre ère, a donné, dans sa grande histoire des premiers Hân, le catalogue ou inventaire général et systématique de tous les ouvrages et copies d'ouvrages, en différents genres, échappés à l'incendie des livres et que l'on avait recueillis jusqu'alors. Pauthier entre dans de longs développements sur cet inventaire qui eut lieu au 1er siècle avant notre ère. On trouve dans cette partie de son mémoire une sorte de traité historique complet de toute la littérature chinoise antérieũre à notre ère, rédigé par l'historien Pan-Kou, qui avait à sa disposition la presque totalité des monuments littéraires recouvrés après l'incendie des livres.

Dans son second mémoire, Pauthier examine par quels moyens les Chinois ont pu conserver, indépendamment de la tradition, qui peut être toujours suspectée, les principaux faits de leur ancienne histoire, et quels ont été les procédés matériels employés pour les transmettre à la postérité.

La Chine n'a pas, comme l'Égypte et la Babylonie, de ruines gigantesques en monuments parlant; mais elle a ses grandes annales, rédigées par ses historiens officiels, d'après les archives du tribunal de l'histoire établi dès les premiers temps de la monarchie. On comprend qu'un peuple qui a été un des premiers à se servir de l'écriture, qui a fait de l'instruction publique une des bases de son gouvernement et qui a constitué le corps des lettrés le premier de l'État, ait songé de bonne heure à enregistrer les premiers actes de sa vie publique.

Pauthier traite de l'origine de l'écriture chinoise, sujet qui revient assez fréquemment dans ses ouvrages; il expose ce qui a rapport à l'Inscription de Yu (2205 avant notre ère) dont il donne le texte et une nouvelle traduction; il examine les rapports de similitude entre certains caractères de cette inscription avec les caractères de même signification des anciennes inscriptions assyriennes ou médo-scythiques. Les paragraphes suivants de son mémoire ont pour sujets : une inscription gravée sur une lance 2150 ans avant J.-C. et l'éclipse solaire rapportée dans le Chou-King et qui eut lieu en 2159 avant J.-C. Il est dit dans le Chou-King que les deux chefs astronomes Hì et Hô, n'ayant pas prédit à l'avance cette éclipse, furent mis à mort. Pauthier donne la traduction de ce chapitre et ajoute de nouvelles preuves de l'antiquité de la chronologie et de la civilisation chinoises en traduisant quelques passages d'un ouvrage de Tsoh-Kiéou-Ming, contemporain de Confucius.

Enfin il fait connaître les procédés successifs employés par les Chinois pour reproduire leur écriture : les tablettes en bois, l'invention du pinceau; emploi du papier en 105 de J.-C.; gravure des King sur tables de pierre, sur planches de cuivre; impression de manuscrits sur pierre, en blanc sur fond noir; impression sur planchettes en bois gravées ; xylographie.

On peut placer le commencement de l'imprimerie en Chine au xe siècle; mais l'invention de l'imprimerie en types mobiles n'eut lieu qu'au xie siècle, 1041 à 1048 de J.-C. Ainsi il est bien certain qu'on essaya en Chine des types mobiles, 400 ans avant qu'un procédé analogue fût employé en Europe.

Dans ces deux mémoires, Pauthier a eu l'occasion de combattre avec avantage les assertions de M. James Legge, des Missions de Londres, auteur d'une belle édition des livres classiques de la Chine, et qui conteste l'antiquité historique des Chinois en disant que l'année 775 av. J.-C. est la plus ancienne date que l'on puisse dire être déterminée avec certitude, parceque cette date concorde avec une éclipse mentionnée dans le Chî-King et reconnue par le Rév. Chalmers. M. Legge appelle le Chou-King un roman. Pauthier a répondu victorieusement à ses objections.

Nos missionnaires du XVIIIe siècle ne montraient pas autant d'absolutisme que le missionnaire protestant, tout en restant orthodoxes. Voici comment s'exprimait, en 1736, l'un d'entre eux, précisément à l'occasion de la chronologie chinoise [1] : « Je ne pense pas qu'il y ait mal à reculer l'enfance du monde. Car enfin le monde, fût-il quatre fois plus vieux qu'il n'est, fût-il *éternel* à la manière dont saint Thomas croyait qu'il aurait pu l'être, qu'importe, pourvu que l'on ne méconnaisse pas sa véritable origine, et sa dépendance *actuelle* de la main qui l'a formé! »

1. *Lettres d'un Missionnaire à Pékin*, Paris, 1782, p. 80, 82, 3e lettre.

M. A. Sédillot, dans un article de la *Revue Orientale*, juillet 1868, a examiné certains passages du mémoire de Pauthier, à l'occasion surtout de l'astronomie chinoise, et il arrive à cette conclusion que tout ce qui a un caractère scientifique chez les Chinois leur a été importé du dehors, et que ce peuple est incapable de s'élever à la hauteur d'une science spéculative. Nous ne sommes guère préparé à nous mêler à un débat de ce genre. Seulement nous remarquons, dans le mémoire critiqué par M. Sédillot, que Pauthier, tout en présentant les idées de l'historien Pan-Kou sur les connaissances astronomiques des Chinois, a fait quelques réserves à l'occasion des exagérations et de la puérilité de certains passages. Nous pensons, du reste, avec M. Sédillot, que le Chinois est hors d'état, par sa constitution cérébrale actuelle, de s'occuper de sciences exactes. M. Fontanier, consul en Chine, savant très-versé dans la langue chinoise et au courant des mœurs du pays, m'a raconté que des négociants suisses, établis à Pékin, n'avaient jamais pu former un horloger parmi les ouvriers chinois, tellement ils sont réfractaires aux travaux de précision. En mécanique, les chinois n'ont aucune idée de l'économie des forces.

44. *La Chine en* 1868, son ambassade envoyée aux États-Unis et près des puissances européennes pour réviser les traités de 1858; discours inaugural du premier ambassadeur à une *assemblée de New-York*. (Extrait de *l'Annuaire encyclopédique*, tome VIII, 1868.)

45. *Dictionnaire étymologique chinois-annamite-latin-français*, 1re livraison, comprenant les dix premiers radicaux, 1867, XIX et 111 pages à 2 col.

Nous voici arrivé à la fin de notre exposé analytique des ouvrages de Pauthier. Essayons de formuler quelques idées d'ensemble sur cette longue vie de travail.

On peut dire que Pauthier a touché à presque toutes les langues orientales. Il a étudié le sanscrit et nous a donné quelques traductions. En persan, il a traduit en vers quelques odes de Hafez. La lecture élémentaire des hiéroglyphes semble lui être familière. Nous ne dirons rien de ses connaissances dans les langues sémitiques; il n'a, du reste, avancé aucune prétention à cet égard. Il s'est borné dans ses livres, qu'il a émaillés fréquemment de caractères orientaux, à faire voir seulement qu'il en connaissait le système graphique. Malgré les preuves qu'il a données de son savoir en sanscrit, il n'ambitionne pas, que je sache, le titre d'indianiste.

C'est donc surtout le chinois qu'il a étudié sous tous les aspects, et dans cet ordre d'études il a rendu de réels services en popularisant, aux points de vue les plus divers, la connaissance de la Chine. En dirigeant la gravure de caractères chinois, entreprise par M. Marcelin Legrand, il a facilité la publication des textes chinois. Toutefois si Pauthier a beaucoup écrit pour nous faire connaître les origines, l'histoire, la philosophie, le pays des Chinois, il n'a pas aidé beaucoup à propager l'étude de la langue.

On s'étonne de voir que le chinois ne soit pas étudié autant que les autres langues orientales; mais il me semble que les sinologues ne se sont guère prêtés à la vulgarisation de cet idiome, en publiant des livres élémentaires. C'est toujours la grammaire d'Abel Rémusat qui sert de base aux études. Comme on a dû faire des progrès dans la connaissance de cette langue, il serait bon de nous mettre à même de les apprécier. Et cependant Pauthier, par la tournure de son esprit qui le porte à la généralisation, à l'étude des principes, était parfaitement en état de nous donner des livres d'enseignement. Il devait nous initier à la connaissance des bases fondamentales de la langue chinoise dans une suite à son *Essai sur l'origine et la formation similaire des écritures figuratives chinoise et égyptienne*. Cette suite n'a pas été publiée.

Pauthier avait conçu un magnifique plan de travail, qu'il n'a réalisé en partie que pour la Chine : c'était une histoire de la philosophie orientale, œuvre gigantesque qui exigerait qu'un seul orientaliste réunît en lui le savoir et les aptitudes d'un Abel Rémusat, d'un Munk et d'un Colebrooke. Hélas ! cette trinité n'a pu s'incarner en Pauthier ; mais il n'en faut pas moins admirer les vastes proportions de son plan. L'idée qu'il a émise sera réalisée plus tard, en divisant la tâche, trop lourde pour un seul, entre les mains de plusieurs.

Un défaut chez Pauthier, c'est l'éxubérance de son imagination. Mais ici c'est une affaire de tempérament et il n'est pas juste de lui en faire un reproche. Quand il traite un sujet, on rencontre quelquefois de longues digressions touffues qui masquent l'objet principal de son étude. Sa carrière littéraire a été semée de nombreuses polémiques; s'il ne les a pas provoquées, on peut dire qu'il s'est en quelque sorte complu dans les passes d'armes, tant son ardeur est grande. Les coups de boutoir qu'il a donnés à droite et à gauche nous rappellent qu'il était soldat de son premier métier. Du reste ses contradicteurs eux-mêmes ont rendu hommage à la loyauté de son caractère, à la générosité de sa nature.

En résumé, nous voyons en lui un travailleur consciencieux, d'un savoir étendu, varié, grand commentateur, annotateur, très-apte aux études philosophiques, pénétrant parfois ses écrits d'un souffle d'enthousiasme et les sillonnant par des éclairs de libre pensée, savant de haut mérite, sinologue qui fait honneur à la France et à Abel Rémusat, son maître, l'un des plus grands sinologues des temps modernes.

SHAKESPEAR.

Shakespear (John), orientaliste anglais, né le 14 août 1774, à Lount, paroisse de Staunton-Harold, dans le comté de Leicester, mort en 1860, appartenait à une famille de cultivateurs de cette contrée. A l'âge de 11 ans il perdit son père qui laissait six enfants nés et un posthume. Sa mère, femme d'une intelligence rare, par son économie attentive, son entente dans la conduite de la ferme qu'ils avaient en location, parvint à élever ses enfants d'une manière convenable. Shakespear, le plus âgé des enfants, n'avait aucune disposition pour la vie et les habitudes du fermier. Sa mère lui permit de suivre l'école de la paroisse, distante de trois milles de leur habitation et où il se rendait chaque jour. Il y apprit à lire, à écrire tant bien que mal, et les premières règles du calcul.

Les instituteurs de cette école ayant donné de bonnes

attestations sur son travail, il fut envoyé, par les soins de sa mère, aux leçons d'un meilleur maître qui lui apprit les éléments des mathématiques; un ecclésiastique du voisinage lui apprit le latin et un peu de grec, puis voyant son zèle pour l'étude, il le recommanda au principal propriétaire de sa paroisse. Ce gentilhomme, lord Rawdon, lui acheta quelques livres élémentaires et l'envoya à Londres chercher quelque professeur d'arabe. L'intention du lord était de le mettre à même d'entreprendre une mission dans le nord de l'Afrique ou de le préparer à occuper un consulat dans ces contrées.

A Londres, il rencontra un professeur d'arabe, mais de nom seulement, et qui lui fut peu utile. Au moyen de la grammaire arabe de Richardson, de quelques textes accompagnés d'une traduction latine, et du dictionnaire de Golius, il parvint à une certaine connaissance de l'arabe écrit.

Quand la guerre fut déclarée entre l'Angleterre et la France, à peu près vers l'automne de 1792, lord Rawdon fut nommé au commandement d'une petite armée qui avait été réunie pour se joindre aux royalistes de la Vendée. A cette occasion Shakespear fut attaché au commissariat et désigné pour occuper plus tard une place dans le service public. Mais ce corps militaire n'ayant pris part à aucune action à l'étranger, il ne reçut pas de nomination. De 1796 à 1805, son temps fut peu utilement employé.

A cette époque, il entendit parler d'une vacance prochaine dans le professorat oriental au *collège militaire*. Il fit la connaissance de lord Jeignmouth, du Dr John Gilchrist, Dr Jonathan Scott, Dr Charles Wilkins et de quelques autres orientalistes distingués de cette époque. Il apprit du Dr Gilchrist la prononciation de l'hindoustani et entra pour enseigner cette langue au collége royal militaire, place devenue vacante par la nomination du Dr Jonathan Scott à la chaire orientale, créée par la compagnie des Indes au collége qu'elle venait de fonder pour l'éducation de ses employés civils. La place de Shakespear fut supprimée deux ans après, la compagnie des Indes ayant formé un établissement pour y instruire des ingénieurs et des cadets d'artillerie, et ayant renvoyé ses cadets du collége royal militaire. La compagnie cependant offrit gracieusement à Shakespear la même place dans sa nouvelle institution; il y resta jusqu'en 1830, époque où il demanda et obtint sa retraite.

A son entrée dans le professorat au collége royal militaire, il n'existait aucun livre élémentaire pour les étudiants en hindoustani, sauf quelques ouvrages diffus, très-défectueux et écrits en caractères anglais. Il sentit la nécessité de composer des livres plus concis pour l'usage des étudiants avec les caractères dévanagaris, arabes, persans. Il s'aventura donc à imprimer et à publier la première édition de *Sa Grammaire hindoustanie*, vers 1813, in-4°, tirée à 1,500 exemplaires. Aussitôt après il prépara pour l'impression un volume d'extraits en hindoustani qu'il intitula :

Mountakhabat-i-hindi, tiré à 1,500 exemplaires.

Vers cette époque il négocia, auprès des exécuteurs testamentaires du Dr Carlyle, l'acquisition d'une petite collection de manuscrits arabes parmi lesquels se trouvait un exemplaire du *Nefah-et-Thib*, d'Al-Makkari, relatif à l'histoire littéraire et politique des Arabes d'Espagne. Il fit de cet ouvrage un choix d'extraits qui lui parurent les plus intéressants, les traduisit et les inséra dans l'*Introduction aux Antiquités arabes de l'Espagne*, par James Cavanah Murphy, architecte, et qui parut à Londres en 1816.

Peu après il eut l'occasion de publier une seconde édition de sa grammaire hindoustanie avec des améliorations, tirée à 2,000 exemplaires. En même temps il imprima le 2e volume de ses extraits d'hindoustani, à 1,000 ex.

Ayant par hasard rencontré un exemplaire du dictionnaire hindoustani-anglais du Dr Hunter, et ayant appris que ce savant et consciencieux orientaliste n'avait pas assez vécu pour prendre soin de son ouvrage, il s'appliqua à le réviser, retranchant dans certains cas et ajoutant dans d'autres. Ce fut ainsi qu'il prépara le terrain de la première édition de son *Dictionnaire hindoustani-anglais*, in-4°, tiré à 750 exempl.

En 1820, il en publia une seconde édition très-améliorée et augmentée, tirée à 2,000 ex. En 1824 parut une

2e édition de son premier volume d'extraits hindoustanis, tirée à 1,500 exempl. ; en 1825 une 2e édition du second volume, tirée à 1,500 ex. ; en 1826, 3e édition de sa grammaire hindoustanie, tirée à 4,000 ex. ; 1834, 3e édition de son 1er volume d'Extraits, tirée à 1000 ex; 1838, 3e édition du 2e volume, tirée à 1,500 ex. ; 1840, 4e édit. du 1er vol. d'Extraits, à 2000 ex. ; 1842, 3e édit. de son Dictionnaire hindoustani-anglais et anglais-hindoustani, notablement augmentée, tirée à 3000 ex. ; 1843, 4e édit. de sa Grammaire, à 1,000 ex.

De plus, en 1845, il publia, sur la demande du président de la cour des directeurs de la Compagnie des Indes, *l'Introduction à l'étude de l'hindoustani* in-8°, tirée à 2,000 ex; il fit paraître, cette même année, la 4e édition de son second volume d'*Extraits*, à 1,500 ex.; en 1846, 5e édition de sa Grammaire à laquelle il ajouta une petite grammaire de dakhni, tirée à 1,500 ex.; même année, 5e édition du 1er volume de ses Extraits, tirée à 1,000 ex.; 1849, 4e édition de son dictionnaire hindoustani, in-4o, à 3,000 ex., et en 1855, une 6e édition de sa grammaire, in-8o à 1,500 ex.

Ces trois ouvrages classiques pour l'enseignement de l'hindoustani eurent un grand succès : son *Dictionnaire* quatre éditions, ensemble 8,750 exemplaires; sa *Grammaire* six éditions, 11,500 exempl; et ses Extraits : le 1er volume cinq éditions, le second quatre, en tout 12,500 exemplaires.

Outre les ouvrages que nous venons d'énumérer, Shakespear a publié un certain nombre d'articles dans le journal de la Société asiatique de Londres dont il était membre depuis sa fondation. Il n'a obtenu ni recherché de faire partie d'aucune autre société littéraire.

Shakespear a été le fondateur en Europe des études hindoustanies. Il s'est élevé d'une condition bien humble, avec le soutien de sa mère, une noble femme, à une position très-honorable. Il a été le fils d'œuvres qui feront vivre son nom. Jusqu'à son dernier moment il a travaillé, et, il était encore engagé dans une longue entreprise littéraire, quand la mort est venue le prendre dans un âge très-avancé.

VULLERS.

Vullers (Jean Auguste), orientaliste allemand, né à Bonn, le 23 octobre 1803, après avoir terminé ses études classiques au gymnase de sa ville natale, commença à étudier la théologie catholique et les langues orientales à l'Université de cette ville, en 1822. Ses maîtres en philosophie furent Windischmann et Brandis ; en théologie, Scholz, Gratz, Seber, Hermes, et Ritter et Freytag pour les langues orientales.

Il quitta l'Université de Bonn en 1827, et, pour se perfectionner dans la connaissance des langues orientales, se rendit à Paris la même année. Pendant trois ans il suivit les cours d'arabe et de persan de Sylvestre de Sacy, celui de syriaque de M. Quatremère, de turc de M. Kiefer, de chinois d'Abel Rémusat.

Après son départ de Paris, il se rendit à l'Université de Halle, où, après un examen très-rigoureux, il fut reçu docteur en philosophie, le 12 mai 1830. De cette ville, il arriva à Berlin pour assister au cours de sanscrit du célèbre Bopp, qu'il suivit pendant six mois. De retour à Bonn, il continua l'étude du sanscrit au cours de A. W. Schlegel, et ayant enfin obtenu, le 14 avril 1831, l'autorisation de faire des leçons publiques à l'Université, avec le titre de *Privatim docens*, il y enseigna les langues hébraïque, arabe et persanne.

Le 4 juin 1833, il fut nommé professeur de langues orientales à l'Université de Giessen, où il remplit encore ces fonctions. S'étant proposé de connaître les livres des médecins orientaux, tout en remplissant ses obligations de professeur, il étudia la médecine pendant quatre ans; et la faculté de Giessen, satisfaite d'un mémoire qu'il lui adressa et de ses connaissances médicales, lui offrit le diplôme de docteur en médecine, *honoris causa*, en 1846.

Ses titres honorifiques sont: *Ordinis Hassiaci Philippini pro meritis eques; ordinis Russici sancti Stanislai secundicerius.* Il est membre de la société de Giessen, appelée: *Oberhssische Gesellschaft für Natur und Heilkunde*; de la Société asiatique de Paris et de la Société royale des Antiquaires du Nord à Copenhague.

Voici la liste de ses ouvrages :

1. Harethi Moallaca cum scholiis Zuzenii e codicibus Parisiensibus et Abulolæ carmina duo inedita e codice Petropolitano edidit, latine vertit et commentario instruxit, in 4°, 1827. Bonn.

2. Tarafæ moallaca cum Zuzenii scholiis, textum ad fidem codicum Parisiensium diligenter emendatum latine vertit, vitam poetæ accurate exposuit, selectas Reiskii annotationes suis subjunxit indicem arabicum addidit; in-4°. 1829, Bonn.

3. Fragmente über die Religion des Zoroaster aus dem Persischen übersetzt mit einem ausfichrlichen commentar verschen nebst dem Leben des Ferdusi aus Dauletschahs Biographieen der Dichter, mit einem Vorwort von H. Prof. Windischmann. Bonn, 1831 in-8°.

4. Grammaticæ arabicæ elementa et formarum doctrina per tabulas descripta in usum prælectionum scripsit. Bonn, in-1832, 4°.

5. Chrestomathia Schahnamiana in usum scholarum edidit, annotationibus et glossario locupleti instruxit. Bonn. 1833. 8°

6. Mirchondi historia Seldschukidarum persice e codd. mss. Parisino et Berolinensi nunc primum edidit. lectionis varietate instruxit annotationibus criticis et philologicis illustravit. Gissæ, 1838, in-8°.

7. Mirchondi Geschichte der Seldschuken aus dem Persischen zum ersten mal ubersetzt und mit historischen, geographischen und literarischen anmerkungen erläutert, mit einer Geschlechtstafel und einem Sachregister. Giessen, in-1838. 8°.

8. Vitæ poetarum persicorum ex Dauletschahi historia poetarum excerptæ persice et latine edidit. Fasc. I, Hafizi

Schirazensis vitam tenens. Gissæ 1839. Fasc. 11. Anvarii vitam tenens. Gissæ 1868, in-8°, Commentario instruxit.

9. Alt-Indische Geburtshülfe aus Susruta's System der medicin übersetzt und erläutert.

10. Institutiones linguæ persicæ cum sanscrita et zendica lingua comparatæ, Gissæ, 1840, et Syntaxis et ars metrica Persarum. Id. 1850, in-8°.

M. Garcin de Tassy a rendu compte de cet ouvrage dans le *Journal asiatique* d'avril 1844, p. 317, et de novembre-décembre 1850, p. 520. Pour faire connaître l'utilité et la portée philologique de l'ouvrage de Vullers, je n'ai rien de mieux à faire que de présenter les points principaux de la critique du savant orientaliste. M. Garcin de Tassy, après avoir parlé des nombreuses grammaires persanes qui existent, fait remarquer qu'aucun des auteurs de grammaires persannes avant Vullers, n'avait essayé de rattacher les règles du persan à celles des idiomes qui représentent la langue primitive dont il est dérivé, c'est-à-dire au sanscrit et au zend ; sous ce point de vue, l'ouvrage de Vullers offre des aperçus intéressants et neufs. Il commence d'abord par comparer l'alphabet persan à celui des langues zende et sanscrite, poursuit cette comparaison dans les noms et les verbes ; il termine la partie étymologique par le classement des particules.

Dans la deuxième partie consacrée à la syntaxe, Vullers fait observer que, jusqu'à lui, on n'avait pas traité de cette partie de la grammaire persanne, à l'exception, toutefois, de Lumsden, mais d'une manière prolixe et défectueuse.

« Ce qui rend, dit M. Garcin de Tassy, un traité de syntaxe persanne difficile à rédiger, c'est que les natifs n'ont pas composé de traités complets de grammaire, comme il en existe pour l'arabe et le sanscrit. Ainsi ce n'est qu'une immense lecture qui peut fournir les moyens de déduire en règles les constructions qu'on rencontre dans les bons auteurs, et qui varient selon les siècles et selon les provinces. Le savant et consciencieux travail de M. Vullers sur la syntaxe persanne est, en ce genre, le plus judicieux qui ait paru jusqu'ici. Il est seulement à regretter que, dans cette deuxième partie, les comparaisons avec le sanscrit n'aient pas été plus fréquentes. Il y avait cependant, il me semble, de bien curieux rapprochements à faire. C'est en effet dans le sanscrit qu'il faut chercher les origines de la syntaxe persanne. Tout ce qui ne peut s'y rapporter est emprunté à la syntaxe arabe, car les auteurs persans ont souvent cherché à imiter les constructions arabes, pour montrer leur habileté dans la langue du Coran, et ils ont ainsi altéré la phraséologie originale. Cela ressort évidemment de l'ouvrage de M. Vullers, qui n'a jamais manqué d'établir ces dernières analogies. »

11. Solemnia semisecularia Universitati litterariæ Borussicæ Rhenanæ, ante decem lustra condita, celebranti, piis votis congratulatur Academiæ Ludovicianæ Giessensis Rector cum senatu. Inest Dauletschahi vita, Poetæ

Persici Anvari, a Vullersio edita. Giessæ, 1868, in-8°; VIII-28 et 11 pages.

12. Lexicon persico-latinum etymologicum cum linguis maxime cognatis sanscrita et zendica et pehlevica comparatum e lexicis persice scriptis Borhani-Kâti, Haft-Kulzum et Bâhari agam et persico-turcico Farhangi-Shuûrî confectum adhibitis etiam Castelli, Meninski, Richardson et aliorum operibus et auctoritate scriptorum Persicorum adjunctum. Accedit appendix vocum dialecti antiquioris Zend et Pazend dictæ. Bonn, 1855-1864, in-4° (XI 965 et 1,566 pages).

13. Supplementum Lexici persico-latini continens verborum linguæ persicæ radices e dialectis antiquioribus persicis et lingua sanscrita et aliis linguis maxime cognatis erutas atque illustratas, scripsit, Bonn; 1867, in-4°, 136 pages.

« Le Dictionnaire de Vullers, dit M. Mohl [1], diffère, sous plusieurs rapports, de tous ses prédécesseurs. Il donne un certain nombre d'étymologies tirées du zend et du sanscrit; il le fait très-sobrement, ce qu'on ne peut qu'approuver, car une étymologie douteuse n'est pas à sa place dans un dictionnaire usuel. Ensuite l'auteur a tiré avec plus de soin des dictionnaires persans originaux tous les sens qu'ils attribuent à un mot, et dans certains cas, il ajoute les définitions que les lexicographes persans

1. rapport de juillet 1864, p. 77, *jour. asiatique.*

lui fournissent, et qui servent à préciser les nuances. Il exclut tous les mots arabes; ce système peut parfaitement se défendre au point de vue linguistique ; il a l'avantage évident de réduire considérablement l'étendue de l'ouvrage, mais il n'en rend pas plus commode l'usage; car la plupart des littérateurs persans se servent de termes arabes en grand nombre. Du reste, M. Vullers a employé très-utilement la place qu'il a ainsi gagnée, en donnant, à l'appui de l'interprétation des mots, des exemples tirés des auteurs, et en faisant ainsi le commencement d'un *thesaurus*.

« Le grand défaut de nos dictionnaires de langues orientales est qu'ils sont en général des traductions de dictionnaires composés par et pour les savants du pays dans leur propre langue. On ne peut pas faire autrement au commencement d'une étude, et l'on obtient ainsi tout d'un coup des dictionnaires assez complets, et des interprétations dans lesquelles il n'y a pas d'erreurs grossières; mais on n'a ainsi que des *à peu près*. Les auteurs originaux n'avaient d'autre moyen de fixer la signification que par des définitions généralement vagues, ou par des synonymes qui ne rendent jamais la véritable nuance du sens, puisqu'il n'y a pas de synonymes réels. Ce n'est que par l'étude des auteurs et de leurs commentateurs indigènes, s'il y en a, qu'on peut graduellement fixer ces nuances et arriver à l'usage réel des mots; mais cela suppose un nombre de travaux préparatoires, des éditions correctes des auteurs principaux et des existences entières de savants consacrées à ces recherches. On commence à faire ce travail pour l'arabe et le sanscrit, et M. Vullers l'a commencé pour le persan. Il faut lui savoir gré d'être entré dans cette voie et d'avoir fait un ouvrage plus complet et, sur beaucoup de points, plus précis que ceux de ses prédécesseurs. »

J'ajouterai que nos dictionnaires grecs et latins classiques, qui sont parvenus à une si grande perfection, sont d'admirables spécimens, et les orientalistes futurs n'auront qu'à gagner à en suivre le plan dans la composition des dictionnaires orientaux.

Le beau travail de Vullers était bien digne d'être couronné par l'Institut de France, aussi l'Académie des Inscriptions lui accorda-t-elle, en 1867, le prix Volney. Les ouvrages littéraires, historiques et lexicographiques de Vullers sont traités avec un soin scrupuleux. C'est un des orientalistes les plus savants et les plus laborieux de notre époque.

WUSTENFELD.

Wüstenfeld (Henri-Ferdinand), orientaliste allemand, né le 31 juillet 1808, à Münden, dans le Hanovre, fréquenta jusqu'à sa dix-septième année le collége de sa ville natale qu'il quitta pour entrer au lycée de Hanovre. Le directeur de cet établissement, Grotefend, le reçut dans sa maison et il vécut avec lui dans les termes d'une vive amitié et dans des relations scientifiques fréquentes jusqu'à la mort de ce professeur, survenue en 1853.

Wüstenfeld étudia la théologie, en 1827, à l'Université de Gœttingue, assista aux lectures exégétiques du célèbre professeur Ewald, sur l'Ancien Testament, et suivit ses leçons sur les langues arabe, persanne, syriaque et sanscrite; dans la suite, il en fit l'objet spécial de ses études.

Afin de se perfectionner dans la connaissance des langues orientales, il se rendit, en 1829, à Berlin, où Wilken et Bopp devinrent ses maîtres. De retour à Gœttingue, un an après, il se lia intimement avec Tychsen. Le 18 février 1831, il fut reçu docteur en philosophie et, comme *Privat-docens*, fit ses lectures sur l'Ancien Testament et les langues sémitiques, principalement sur la langue arabe. A la Faculté de philosophie, il devint assesseur en 1836, secrétaire de la Bibliothèque universitaire en 1838, professeur extraordinaire en 1842, et ordinaire en 1853.

La Société asiatique de Paris, la Société de Copenhague pour les antiquités du Nord, et la Société théologico-historique de Leipzig le nommèrent, en 1846, membre ordinaire. Il fut élu assesseur de la Société royale des sciences à Gœttingue en 1841, en 1856, membre ordinaire, et admis dans la Société orientale allemande dès sa fondation.

Les travaux de Wüstenfeld sont considérables, et les textes arabes qu'il a publiés, d'une grande importance. Nous allons suivre tout simplement l'ordre chronologique de ses publications, d'autant plus que nous n'apercevons pas dans la vie si laborieuse de cet orientaliste quelque plan systématique d'études.

1. Dissertatio inauguralis. De studiis Arabum ante Muhammedem, 1831.

2. *Kitab thabakât El-Hoffâdh*. Liber classium virorum qui Korani et traditionum cognitione excelluerunt. Auct. Abu Abdalla Dahabio. P. 1, 2, 3, 1833, in-4o.

3. *Abulfedæ tabulæ quœdam geographicæ*; 1835, in-8°.

4. *Specimen El-lobabi sive genealogiarum Arabum*, quas

conscriptas ab Abu Sàd Samanense abbreviavit et emendavit Ibn-el-Athir; 1835, in-4°.

5. *Ibn Challikani vitæ illustr. virorum.* Fasc. I-XIII, 1835-1850.—Addimenta et variæ lectiones. Collect. 1, 2, 1837.

6. *Ueber die Quellen des Werkes : Ibn Challik. vitæ illustr. vir.* 1837, in-8°. Ce sont des recherches sur les sources où a puisé Ibn Khallikan pour faire son ouvrage.

7. *Die academien der Araber und ihre Lehrer*; 1837, in-8°. Gœttingue; 22 pages de texte arabe autographié et 136 pages. Ce sont des extraits du livre d'Ibn Schohba sur les classes schaféites. Il y est question des colléges célèbres de Bagdad, Nicabour, Damas, Jérusalem et du Caire. Wüstenfeld y donne une foule de notices abrégées sur des professeurs.

8. *Geschichte der Arabischen Aerzte und Naturforscher, nach den Quellen bearbeitet.* Gœttingue, 1840, in-8°, 16 pages de texte arabe autographié, où il donne quelques biographies de médecins d'après Ibn-Abi-Oçaïbiia et Ibn Schohba, plus 167 pages où il fait une sorte d'histoire sommaire des médecins et naturalistes arabes.

9. *Die literatur der Erdbeschreibung bei den Arabern.*—Topographie von Damascus.—Des Abu-Dolef Misar ben el-Mohalhal Bericht uber die Türkischen Horden. —Diese drei Aufsätze finden sich in der « *Zeitschrift für vergleichende Erdkunde.* » Bd. 1, 2; Magdeburg, 1842.

10. *The biographical Dictionary of illustrious men chiefly*

at the beginning of Islamism, by Abu Zakaria Iahia Al-Nawawi. Gœttingue, printed for the London society for the publication of oriental texts. 1842-1847, in-8°; 878 pag.

Le titre arabe de ce livre est : *Kitab tahdhib El-asmâ.* Wüstenfeld en avait déjà publié une partie en 1832. Cette édition est faite d'après les manuscrits de Gœttingue et de Leyde. Il y a dans ce livre un chapitre spécial sur Mahomet que devront toujours consulter ceux qui étudient cette grande figure arabe. Nawawi ne parle pas seulement des hommes célèbres comme le titre de l'édition de Wüstenfeld l'indique; mais il consacre aussi aux femmes célèbres une des sections de son livre (p. 822).

11. *Ueber das leben und die schriften des scheikh Abu Zakaria Iahia el-Nawawi,* nach handschriftlichen Quellen. Gœttingue, 1849, in 8° ; 78 pages.

Après la publication du texte arabe dont nous venons de parler, Wüstenfeld donna une introduction contenant la vie et la liste des ouvrages de Nawawi. Cet auteur, jurisconsulte et théologien du XIIIe siècle de notre ère, est mort à Bagdad, où il professait les traditions. Il a composé quarante-deux ouvrages très-estimés, comme le prouve le nombre de commentateurs qu'ils ont trouvés. Sa biographie est très-curieuse. C'est l'idéal d'un savant arabe qui, par la sainteté, la simplicité de sa vie, son abnégation personnelle, son travail incessant, son courage, se servait de sa grande influence pour défendre les droits des sujets contre les empiétements et la rapacité des princes de son temps. Son tombeau est encore aujourd'hui vénéré comme celui d'un saint[1].

12. *Macrizi's Geschichte der Copten* mit Uebersetzung und Anmerkungen. Gœttingen, 1845, in-4°; 142 et 70 pages (Histoire des Coptes).

C'est un extrait du grand ouvrage de Macrizi sur l'Égypte publié en arabe et en allemand. « M. Wetzer, à Fribourg, avait déjà fait paraître, il y a quelques années, une grande partie des chapitres de Makrizi qui se rapportent aux Coptes. Wüstenfeld y a ajouté quelques nouveaux extraits, qui complètent le sujet, et a publié le tout, à l'aide des manuscrits de Gotha et de Vienne. C'est une histoire fort naïve des persécutions des chrétiens en Égypte, de la destruction de leurs églises et de leurs monastères, et de la conversion violente des Coptes à l'islamisme[2]. »

13. *Macrizi's Beschreibung der Hospitäler in el-Cahira.* (Description des hôpitaux du Caire d'après Macrizi) ; insérée dans « *Janus*, » zeitschrift für Geschichte und Literatur der Medicin. Bd. I. Breslau, 1846.

14. *Stammtafel der Familie Banu Asâkir* (Table généalogique de la famille des Benou-Acâkir). Insérée dans les *Orientalia* edentibus Weijers, Roorda et Juynboll. Lug. Bat., vol. 2, 1846.

1. *Voyez* Rapport de M. J. Mohl, *Journ. Asiat.*, août 1851, p. 127.
2. *Voyez* Rapport de M. J. Mohl à la Société asiatique, 1846, p. 13, du tirage à part.

15. *Jacut's Moschtarik*, das ist : Lexicon geographischer Homonyme, 1846. Gœttingen, in-8°; 63 pages d'introduction et de notes, et 475 de texte. — C'est un dictionnaire d'homonymes géographiques. Toutes les localités portant le même nom se trouvent réunies dans un seul article et différenciées par les détails de position, etc., que donne l'auteur. C'est Iacout lui-même, grand voyageur et savant du XIIIe siècle[1], qui a extrait ce livre de son grand dictionnaire de géographie. Wüstenfeld s'est servi de deux manuscrits, l'un de Vienne, l'autre de Leyde qui différaient notablement entre eux. Il a fondu en quelque sorte les deux rédactions, et au moyen de signes typographiques qui ne sont pas toujours bien clairs, il indique au lecteur la nature et l'origine des additions. Les orientalistes qui ont eu à s'occuper de l'histoire et de la géographie de l'Orient ont dû être souvent embarrassés par la fréquence de ces homonymies : le *Moschtarik* de Wüstenfeld rend un réel service aux travailleurs.

16. *El-Macrizi's Abhandlung über die in Ægypten eingewanderten Arab. Stämme*, 1847.

17. J.-J. *Reiskii primæ lineæ historiæ regnorum arabicorum, et rerum ab arabibus medio inter Christum et Muhammedem tempore gestarum*, cum tabulis genealogicis e libro manuscripto edidit F. Wüstenfeld. Gœttingen, 1847, in-8° (XVI et 274 pages).

1. Voy. ce que M. J. Mohl. dit de ce géographe et de l'édition du Moschtarick, rapport à la Société asiatique de 1848.

L'illustre Reiske avait composé, il y a plus d'un siècle, un ouvrage sur l'histoire ancienne des Arabes qu'il n'eut pas le temps de publier, et qui, après sa mort, passait pour perdu. Wüstenfeld découvrit dans la Bibliothèque de Gœttingue une copie de l'ouvrage même de Reiske et le publia par piété pour la mémoire de l'auteur, en y ajoutant de nombreuses additions [1].

18. *Zakaria-ben-Muhammed-ben-Mahmud-el-Cazwini's kosmographie*. Gœttingen, 1848-1849, in-8°. 2 vol., 452 et 418 pages [2].

Le texte arabe seul a été publié avec les encouragements de la Société orientale allemande. Cette cosmographie de Cazwini comprend deux ouvrages : 1° *Kitâb adjâïb El-Makhloukât*, ou *Livre des Merveilles de la création;* 2° *Kitab athâr el-Belâd*, ou *Livre des Monuments des pays*. Wüstenfeld pense que ces deux ouvrages n'en faisaient qu'un seul pour l'auteur. Cazwini est un compilateur dans le genre de Pline et des Encyclopédistes du moyen âge, réunissant dans un cadre méthodique les observations et les opinions d'une quantité d'auteurs. Son *Livre des Merveilles de la création* est extrêmement curieux en ce qu'il nous donne une masse de renseignements sur

1. Voy. le Rapport de 1848, fait à la Société asiatique par M. J. Mohl, p. 12 du tirage à part, et où l'on trouvera d'autres détails sur cet ouvrage.

2. Conf. Rapport de M. J. Mohl, 1849.

les théories et les observations des Arabes dans toutes les parties des sciences naturelles. Les fables mêmes qu'il a adoptées ne sont pas sans intérêt pour le naturaliste, qui y cherche la trace d'un fait vrai, mais mal observé, et pour l'historien, qui y trouve la preuve de la transmission des erreurs populaires de peuple à peuple. Cazwini parle d'abord du ciel, des sphères célestes, des anges qui les peuplent, des astres et de leur influence, ensuite il passe à la terre; traite des éléments et des phénomènes qu'ils produisent, de la configuration du globe, de la formation des montagnes et des fleuves, enfin, de tous les êtres qui vivent sur la terre, dans l'eau et dans l'air. C'est un mélange de théories et d'observations, de fables et de faits historiques qui nous donne une idée suffisante de l'état des connaissances des Arabes au XIIIe siècle de notre ère, et dont les historiens et les naturalistes tireront un grand parti pour leurs études spéciales. La section de l'ouvrage intitulée : *Les Monuments des pays*, forme la partie géographique proprement dite du célèbre livre de Cazwini.

19. *Ibn Coteibah's Handbuch der Geschichte*. Gœttingue, 1850, in-8°; 366 pages. Texte arabe lithographié par Wüstenfeld [1].

Ce *manuel d'histoire générale* a été souvent mis à con-

1. Voy. Rapport de M. J. Mohl, 1851. *Journ. Asiat.* t. I, p. 126.

tribution pour l'histoire des Arabes avant l'islamisme, mais il n'avait jamais été publié en entier. C'est un des premiers essais d'histoire générale que les Arabes paraissent avoir fait, et la partie de l'ouvrage qui se rapporte aux peuples étrangers est extrêmement maigre. La méthode de Coteiba, quoique très-imparfaite, est originale, et l'on voit aisément que de son temps les Arabes n'avaient pas encore adopté une forme définitive pour leurs compositions historiques; on trouve dans son ouvrage une foule de faits curieux qu'on ne s'attend point à rencontrer dans une histoire générale, mais qui ne manquent pas d'intérêt pour nous, ordinairement pour des raisons auxquelles l'auteur n'avait point pensé. Wüstenfeld a suivi, en général, le manuscrit de Vienne, le meilleur et le plus complet de ceux qui se trouvent dans les bibliothèques de l'Europe, et il a complété son édition par une table de noms historiques et géographiques. Coteiba était cadi dans une petite ville en Perse, et est mort professeur à Bagdad, vers la fin du IIIe siècle de l'hégire. C'est peut-être un peu hasardé de dire, avec M. Mohl, que c'est un manuel d'histoire générale. Le titre arabe est *Livre des Connaissances*. L'auteur y parle de la création, des prophètes; de la généalogie des tribus arabes; de Mahomet, des Mohadjers; des compagnons célèbres du prophète; des khalifes Omeyades jusqu'à Elmostain billah; des Tabis, des lecteurs du Coran; des rhapsodes, des grammairiens; des mosquées célèbres; de l'Arabie de la Chaldée, de la Syrie, du Hedjàz, des conquêtes des musulmans, du paganisme arabe, des guerres des tribus, des rois de Perse, etc.

20. *Muhammed ben Habib, ueber die Gleichheit und Verschiedenheit der arabischen Stammenamen.* Gœttingue, 1850, in-8o (VIII et 52 pages). Texte arabe imprimé.

Ce livre, composé par Mohammed Ibn Habib, grammairien de Bagdad du IXe siècle de notre ère, traite de la ressemblance et de la différence entre les noms des tribus arabes; il se trouvait en manuscrit à la Bibliothèque de Leyde et Wüstenfeld l'a publié comme pièce justificative pour ses tables généalogiques des Arabes. Il y a ajouté une table de noms, mais sans y joindre de notes ni de traduction, du reste, ce petit livre est un des textes arabes qui en ont le moins besoin.

« On connaît, dit M. J. Mohl [1], l'importance de la généalogie des tribus et des familles pour l'ancienne histoire des Arabes. C'est le seul fil qui rattache les traditions conservées dans le désert, et qui n'ont été fixées par l'écriture que plusieurs siècles après Mahomet. L'identité ou la ressemblance des noms de tribus et de familles tendait naturellement à introduire la confusion dans la chronologie arabe, et plusieurs écrivains musulmans, comme Mohammed ben Habib, se sont occupés de remé-

1. Rapport de 1851, J. Asiat. p. 126.

dier à cet inconvénient, en fixant l'orthographe de ces noms. »

21. *Genealogische Tabellen der Arabischen Stämme und Familien.* 1852, in-fol. und Register dazu, 1853, in-8°. (XIII et 176 pages). Gœttingue. —

Les n°s 21,22 se rapportent aux genéalogies des Arabes avant Mahomet[1]. Ibn Doreid, poëte et philologue du IIIe siècle de l'hégire, composa sur la généalogie des tribus et des hommes célèbres, et sur l'étymologie de leurs noms, un ouvrage dans lequel il fit entrer une foule de renseignements historiques et biographiques. Wüstenfeld a publié le texte de cet ouvrage; mais ne le trouvant ni assez complet, ni assez systématique, il a complété lui-même, d'après une douzaine d'ouvrages arabes, des tableaux généalogiques qu'il a fait suivre de tables alphabétiques relatives aux tribus ismaéliques et yéménites, et dans lesquels il donne, sous chaque nom, des détails plus ou moins amples sur les personnages, et des renseignements historiques sur les tribus arabes et leurs migrations.

22 *Vergleichungs. Tabellen der Muhammed und Christl. Zeitrechung.* 1854.

23. *Ibn Doreid's genealogisch-Etymologisches Handbuch.* 1854.

1. V. Rapport de M. J. Mohl, juillet 1853, p. 28, 29.

24. *Das Leben Muhammed's* nach Muhammed Ibn Ishak, bearbeiteit von Abd el-Malik ibn Hischam [1]. Gottingue, 1857-1860, in-8°, 2. vol.

Texte; notes; et introduction.

Ibn Ishak, célèbre traditioniste, avait composé une *vie de Mahomet,* que Ibn Hischam a refondue. C'est cet ouvrage dont Wüstenfeld a publié le texte d'après les manuscrits des bibliothèques d'Allemagne. Composé dans la première moitié du IIe siècle de l'Hégire, ce livre nous donne quelques-uns des résultats les plus authentiques de l'immense enquête historique qui a suivi la mort de Mahomet. Les Arabes, en procédant à cette enquête, se sont attachés au seul principe vrai en pareille matière : ils ont essayé de remonter pour chaque fait, si insignifiant qu'il fût, aux paroles même dont s'est servi le témoin oculaire, qui est le seul qui puisse avoir de l'autorité.

Wüstenfeld a réuni, dans les prolégomènes de son édition, les témoignages pour et contre la véracité d'Ibn Ishak; c'est une longue et curieuse dissertation critique. Le texte est accompagné de nombreuses variantes. La traduction de ce texte important a été faite par M. G. Weil [2].

25. *Die Chroniken der Stadt Mekka.* Textes arabes, publiés pour la Société orientale allemande; 4 vol. in-8° 1857-1861. Leipzig.

1. Voy. dans les Rapports M. J. Mohl, J. Asiat. juillet 1858, 1859 et 1861, des considérations très-intéressantes sur ce livre.
2. Voy. *Hist. des Orientalistes,* tome Ier p. 45.

Cette collection de chroniques de la ville de la Mecque comprend les ouvrages de cinq historiens. Le vol. III, qui a paru le premier, renferme l'histoire de la Mecque et de son temple par Cotbeddin, écrivain du xvie siècle de notre ère, qui passa une grande partie de sa vie à la Mecque comme professeur dans plusieurs colléges. Leipzig, 1857, in-8°, xvi et 480 pages.

Le premier volume contient l'histoire et la description de cette ville par El-Azraki et son fils, écrivains du ixe siècle de notre ère. Ces écrivains n'ont été que les continuateurs d'autres membres de leur famille; cette chronique est l'ouvrage de plusieurs générations de ces Azraki qui remontent à Mahomet.

Cette édition de la tradition n'existe plus; mais elle fut reprise par Ishak al-Khouzaï et continuée par son neveu, c'est celle que Wüstenfeld a publiée. Leipzig, 1858, in-8°; xxix et 518 pages.

Le second volume, avec des extraits des historiens El-Fakihi, et Ibn Dhuheira, avec des tables de matières pour les trois volumes, a paru à Leipzig, 1859, 8°, xxiii et 391 pages.

Le quatrième volume contient la traduction des textes antérieurement publiés. 1861; Leipzig, in-8°.

La publication de textes se rapportant aux villes orientales qui ont joué un grand rôle est une bonne fortune pour l'historien.

26. *Geschichte der Stadt Medina im Auszuge aus dem*

arabischen des Samhudi. Gœttingue, 1860, in-4°, 162 pages.

L'histoire de Médine devait naturellement suivre celle de la Mecque. Wüstenfeld a donné une analyse et des extraits d'une histoire de cette ville par Samhoudi, auteur égyptien du xve siècle, qui a composé un ouvrage très détaillé sur Médine pour intéresser le monde musulman à la reconstruction de la grande mosquée de cette ville, qui avait été détruite par un incendie.

27. *Die von Medina auslaufenden Hauptstrassen.* 1862.

28. *Die älteste Aegyptische Geschichte nach den Zauber und Wunder erzahlungen der Araber.* Inséré dans : *Orient und Occident.* 1860, — Traduit dans la *Revue Germanique*, Vol. 16, 1861.

29. *Jacut's Reisen*, aus seinem geograph. Worterbuch beschrieben. Dans le Zeitschrift der Deutschen Morg. Gesellsch. Bd. 18. 1864.

Wüstenfeld donne une vie détaillée de ce géographe, et fait connaître le nombre de pays qu'il a visités personnellement.

30. *Der Reisende Jacut als Schriftseller und Gelehrter* Inséré dans « Gottingischen Nachrichten. » 1865.

31. *Jacut's géographisches Worterbuch* [1]. Bd. 1 à 4; 1866, 1869.

Wüstenfeld a publié une édition du texte arabe com-

1. Voy. Rapport de M. Mohl, juillet 1866, pour la première moitié du premier volume.

plet du grand dictionnaire géographique de Iacout dont on ne connaissait que des fragments, d'après les manuscrits de Berlin, Saint-Pétersbourg et Paris. C'est la société orientale allemande qui s'est chargée de cette impression. Iacout est le premier qui ait embrassé le monde entier, tel qu'il était connu des Arabes.

En outre, Wüstenfeld a publié quelques petits traités et des mélanges littéraires dans les deux Revues : « Zeitschrift für die kunde des Morgenlandes » et Zeitschrift der Deut. Morgenl. Gessellschaft.

Cette liste des œuvres de Wüstenfeld nous fait voir en lui un des orientalistes les plus laborieux de l'Europe. Il a déployé une grande science et une activité infatigable dans la publication des textes de Cazwini, Iacout, Ibn Hicham, Cotbeddin, Ibn Khallikan etc. L'étude d'un seul de ces ouvrages aurait presque rempli la carrière d'un savant. Il a fait preuve d'une grande variété de connaissances. Toutefois, il est à regretter qu'il n'ait pas accompagné d'une traduction la plupart de ces textes. Mais on voit que son but est, avant tout, de mettre entre les mains des travailleurs le plus de textes possible dans l'intérêt de l'histoire et des sciences. Wüstenfeld occupe dans l'histoire de l'orientalisme du XIXe siècle une place importante par son labeur opiniâtre et sa forte érudition.

FIN DU TOME SECOND

Poissy. — Typ. Arbieu, Lejay et Cie.

TABLE

DU SECOND VOLUME.

CORRECTIONS.

Page	9,	ligne	16,	lisez musulmans.
—	13,	—	3,	ajoutez 1869 après 1868.
—	13,	—	7,	au lieu de 31, lisez 27, et après 1869, ajoutez : 35 pages.
—	18,	—	6,	lisez dialectes.
—	24,	—	22,	lisez aspects.
—	35,	—	26,	mettez , après Égypte.
—	68,	—	6,	lisez major.
—	72,	—	4,	— Hafiz-ud-din.
—	156,	—	27,	— rivière.
—	170,	—	25,	— douter.
—	180,	—	12,	— de au lieu de des.
—	188,	—	8,	— a au lieu de à.
—	194,	—	18,	— de critique au lieu de critiques.
—	198,	—	19,	— l'article Aristote.
—	203,	—	11,	— volume.
—	252,	—	17,	— parlants.

ADDITIONS.

Notice Belin

Ajoutez à ses travaux :

28. *Des capitulations et des traités de la France en Orient* Extrait du Contemporain, revue d'écononmie chrétienne, 1869). Paris, 1870, 138 pages.

Notice-Clément-Mullet.

Ce digne et regrettable savant est mort le 29 décembre 1869.

Le *Journal asiatique* de janvier-février 1870 contient son dernier ouvrage.

Etudes sur les noms arabes de diverses familles de végétaux, 155 pag.

NOTICE DOZY.

Cet orientaliste prépare, pour l'impression, un volume assez considérable qui contiendra des remarques critiques sur le texte d'El-Makkari. Le travail de M. Fleischer, sur notre publication, l'a décidé à entreprendre le sien. Mais il attendra la publication du dernier fascicule du savant de Leipzig.

NOTICE FLUGEL.

A ajouter à ses ouvrages ce qu'il a publié dans le *Journal asiatique allemand* (Zeit. d. Deut. M. G.) :

1. Ueber die Bedeutung des Ausdruckes : fi hodoud Es-sena. — Bd. V, p. 60-79, 1851.

2. Ueber arabische u. persische vorzügl. in der Mistik, Cabbala u. in philosophischen Wissenschaften vorkommende Wortabkürzungen u. die geheime Beteutung der Buchstaben insbesondere. — Bd. VII, p. 87-91, 1853.

3. Ueber d. Nersgattung Mawâlijâ. — Bd. VII, p. 365-72, 1853.

4. Zur Literatur der Ar ber im 11. Jahrh. der Flucht. — Bd. IX, p. 224, 1855.

5. Eigenthümlich zusammengesetzte Unterschriften muhammedanischer Manuscripte. — Bd. IX, p. 357-67, 1855.

6. Zur Frage über die ältesten Ueberset zungen indischer u persischer medic. Werke ins Arabische. — Bd. XI, p. 148 u. 325, 1857.

7. Ueber Inhalt u. Verfasser d. arab. Encyklopädie : Resâïl Akhouân Es-safa. Nebst. Andeutungen über die Einrichtungen des Bundes der Verbrüderten. — Bd. XIII, p. 1, 1859.

8. Einige bisher wenig oder gar nicht bekannte turkische u. arabische Hanaschriften. — Bd. XIV, p. 527, 1860.

9. Einige geographische u. ethnogr.. Handschriften der Refaïja auf d. Univ-Bibliothek zu Leipzig. —Bd. XVI, p. 651, 1862.

10. Zwei Reisewerke der Refaïja auf der Univ-Bibliothek zu Leipzig. — Bd. XVIII, p. 523, 1864.

11. Scharani u. s. Werk üb. die Muhammed. Glaubenslehre. — Bd. XX, p. 1, 1866.

12. Nachtrag zu der Abhdlg. « Scharani und sein Werk über die Muham. Glaubenslehre — Bd. XXI, p. 271, 1867.

13. Zur Frage über die Romane u. Erzählungen d. muhammedanischen Volkerschaften. — Bd. XXII, p. 731, 1868.

Notice Max. Muller.

Le journal « Trubner's American and Oriental literary record, » contíent (avril 1870) un article de cet orientaliste sur le *Pand-Namah*, publié par la Society for making researches into the zoroastrian Religion.

Notice WustenFeld.

Ueber Haschim u. Abd-el-Muttalib die Vorfahren Muhammad's u. über d. Ursprung des Familienhasses zwischen den Abbasiden und Omajaden (*Jour. asiat. allemand*). — Bd. VII, p. 28-36, 1853.

Uber das Kitab al-Tabakat al-Kabir vom Sekretair der Wakidi. — Id. Bd. IV, 187-97, 1850.

Printed in Dunstable, United Kingdom

91220044R00178